ハトと日本人

大田眞也
Ota Shinya

弦書房

〔カバー・写真〕
キジバト雄（右）の嘴内に雌（左）が嘴を入れる
〔カバー裏・写真〕
のびをするキジバト

——いずれも著者撮影

キジバトの雌（手前）と雄（後方）（本文 13 頁参照）

アオバトの雌と雄（右下）（本文 63 頁参照）

ドバト　羽色は、千差万別で、1羽ごとに違っています　(本文 79 頁参照)

オウギバト（扇鳩）（本文 129 頁参照）

ムネアカカンムリバト（胸赤冠鳩）（本文 129 頁参照）

キンミノバト（金蓑鳩）（本文 130 頁参照）

キンバト（金鳩）の雌（左）と雄（右）（本文 131 頁参照）

目次

Ⅳ　いろいろなハト類……119

Ⅴ　ハト類と人間……133

はじめに

　昭和五十八年（一九八三）七月十三日の朝はキジバトの鳴き声で目が覚めました。夢や空耳などではなく、たしかにキジバトの鳴き声でした。耳を澄ませていると、ポーポーポポ、ポーポーポポ…やはりキジバトの鳴き声に間違いありませんでした。キジバトは、これまで熊本県内では冬季にだけ見かける冬鳥的な存在でしたが、この四月には勤務先の熊本市北区にある北部中学校の中庭に営巣して幼鳥が巣立ちましたので、同じ熊本市の西区にあるわが家の庭でも近いうちに営巣するのではないかと期待が膨らみました。

　翌年（一九八四）の四月下旬頃からわが家の庭でもキジバトをよく見かけるようになり、昭和六十年（一九八五）四月二十五日には玄関脇のカエデに営巣しているのに気づきました。どうやら抱卵中のようでしたが雛は見られず、従って巣立ちも確認できませんでした。わが家の庭でキジバトの雛が巣立ったのを確認できたのは平成十年（一九九八）四月十八日が最初でした。その後もわが家の庭には毎年のように営巣していますが繁殖の途中でハシブトガラスやハシボソガラス、あるいはアオダイショウなどの天敵や家猫などによって卵や雛が食べられてしまうことが多くて頭を悩ませています。

キジバトは、近年、市街地でも繁殖するようになったのですが、このように天敵や家猫による繁殖の失敗が多くてはキジバトの今後が心配になり、これまでのキジバトについての観察記録を整理して繁殖状況を振り返ってみることにしました。その結果からキジバトの繁殖成功についいて何か良い手掛かりがつかめるかもしれません。

そのついでに比較のために近縁のアオバトやドバトについての観察記録についても同様に整理してみることにしました。

更に、これらのハト類を人間は、どのように認識して、どう接してきたかについてもみていくことにします。

Ⅰ　キジバト

チョウゲンボウに擬態?!

奈良時代には単に「はと」と呼ばれ、平安時代になると「やまばと」と呼ばれて野生鳩の代表のように見なされ、室町時代には「つちくればと」とも呼ばれました。そして江戸時代になるとキジバト（雉鳩）とも呼ばれて今日に至っています。キジバトの語源は『本朝食鑑』では「羽毛がキジ（雌）に似た斑をしているから」としています。ちなみに中国名は山斑鳩《サンハンキュウ》です。

しかし、私にはキジ（キジ科）の雌よりもチョウゲンボウ（ハヤブサ科）の雄により似ているように見えてなりません。体の大きさもほぼ同じくらい（全長は、キジバトが三三センチメートルで、チョウゲンボウが三〇センチメートル）で、背や翼の上面が褐色で黒斑があり、頭部と尾羽は灰色っぽく、尾羽の先端部は白くてその内側が黒いなどの羽色もよく似ています。また、繁殖期に雄がよく行う翼と尾羽を精一杯開いて滑翔（グライディング）するディスプレイ飛翔の姿もチョウゲンボウによく似ていて見誤りそうです。これらは単なる空似かもしれませんが、つい自分をより強く見せるための擬態ではないかと思えてならないのです。

キジバトのハト類（ハト科の鳥）中での羽色の特徴は、頸の両側に青灰色と黒の鱗模様がある（幼鳥には無い）ことで、学名の属名 *Streptopelia* は首輪のある鳩という意味です。この頸の鱗模様は雌雄間のディスプレイ時に誇示しています。

右側は上下ともキジバト（雄）
左側は上下ともチョウゲンボウ（雄）

東洋の鳩

キジバトは、ユーラシア大陸のウラル山脈より東側の、北は日本やアムール地方から南は台湾、中国、インド北部まで広く分布しています。学名の種小名 *orientalis* は「東洋の」の意味です。四つの亜種に分けられていて、日本には基亜種のキジバトが北海道から屋久島にかけて分布しているほかに、奄美諸島から琉球諸島にかけてはそれより腹面が黒っぽい別亜種のリュウキュウキジバト *S. o. stimpson* が分布しています。元来は南方系の鳥で、南の地方ほど多く、南沖縄・先島諸島の宮古島や石垣島、西表島とその周辺の離島には特に多く、西表島に近い鳩間島や仲ノ神島などのように樹木が無い小島ではススキ原の地上に集団営巣していると か。本州以南では留鳥ないしは漂鳥ですが、北海道では夏鳥です。

営巣を確認

キジバトは、野生鳩の代表のように子供の頃から認識していて、もっぱら「やまばと（山鳩）」と呼んでいました。私が生まれ育った熊本県内では冬季にしか見られませんでしたので、野鳥の生態写真集でキジバトが育雛している写真を見、本州では留鳥の地域もけっこう広いら

五木村の木『ヤブツバキ（ツバキ科）』に営巣して抱卵中　1978年5月21日　熊本県球磨郡五木村宮園

しいとの説明を読むと、そんな本州の地域が羨ましく思えたものです。それで昭和四十四年（一九六九）五月二十三日に熊本県南部の人吉市内でキジバト一羽を見かけたときには時季からして繁殖の期待が膨らみました。そしてそれから九年後の昭和五十三年（一九七八）五月二十一日についにその期待が実りました。その場所は、人吉市の北北東方向約二六キロメートルの球磨郡五木村宮園（海抜約三〇〇メートル）で、九州中央山地のほぼ中央部です。ブッポウソウの観察・撮影の最中に墓地のヤブツバキ（五木村の村木）に営巣して抱卵しているのを偶然見つけ、念願だった写真も撮れて嬉しく思いました。

市街地へ進出

キジバトの繁殖は、その後、県央の熊本市内でも相次いで確認されました。昭和五十八年（一九八三）四月二十二日には北区の熊本市立北部中学校の中庭でまだ巣立ったばかりとみられる幼鳥一羽が見つかり、八月十五日には同じ中庭でメタセコイアにキジバトが営巣して抱卵しているのを同僚の理科担当教師が見つけてくれ、九月六日には雛二羽も見られ、九月十四日朝には二羽の雛とも無事に巣立ちました。また、その年には十月にも同じ中庭の三年四組と五組の間のメタセコイアに営巣し、十一月八日の朝九時四十九分に二羽の雛が無事に巣立ちました。翌、昭和五十九年（一九八四）には中庭のメタセコイアとダイオウマツ、それに運動場脇のアラカシにも営巣が見られ、その年以降も同校を転勤する平成三年（一九九一）春までに毎年のように校庭のどこかで繁殖が見られました。その間の昭和六十一年（一九八六）九月二十七日には中学校北側の人家玄関横のクロマツに営巣して抱卵しているのも見ました。また、「はじめに」でも述べましたように西区春日の自宅庭のカエデにも営巣していました。

　キジバトの市街地への繁殖地拡大は、熊本県内に限った現象ではなく、昭和三十五年（一九六〇）頃から全国的にみられています。キジバトは古くから「やまばと（山鳩）」と呼ばれていてもアオバトのように果実食の森林性ではなく、種子食で、本来の生息地は草地に隣接する林縁や、高木の茂みが散在する草地などです。それで人が農耕を開始すると、農地を格好の採餌地とばかりに人里に進出し、スズメやツバメなどのように身近な鳥となったようです。キジバトの繁殖力はかなり旺盛ですが、それでも全国の狩猟統計を見ると、全国での年次捕獲数が一八〇〇万羽以上になると、かなりの狩猟圧となって減少が認められ、昭和三十六年（一九六一）には全国での捕獲数は二〇〇万羽にも達しています。それで、繁殖の全国的な増加によって市街地まで繁殖地を拡大したのではなく、猟区がある危険な市街地郊外地区から禁猟区で安全な市街地に避難して来たのではないでしょうか。飛翔力がありますので、郊外の田園地区での採餌も可能ですし、市街地ですとタカ類やハヤブサ類などの天敵も少なくて好都合です。市街地

メタセコイア（スギ科）に営巣して育雛中　1984年8月9日　熊本市立北部中学校の中庭で

での新たな繁殖の真の理由はよく分かりませんが、何物も栄枯盛衰は世の常で、市街地でのキジバト繁殖の今後も注視していきたいと思っています。

早い繁殖期

雪とけるとけると鳩の鳴く木かな　一茶

キジバトの繁殖期は、早く、しかも長い。私が住んでいる熊本市内ではキジバトは昭和五十八年（一九八三）頃から年中見られるようになり、繁殖も知られるようになりました。新年を迎えて一月中旬になると鳴き声が聞かれ、二羽連れも目につくようになります。二月になると家の庭にも姿を見せ、古巣でグッグーと鳴いていたりもし、梅花が咲き誇る二月中旬には鳴き声も頻繁になり、雄の縄張（テリトリー）を誇示してのディスプレイ飛翔も目立つようになります。平素は翼をしぼって力強くパッパッパッと規則正しく羽ばたいて直線的に飛んでいますが、ディスプレイ飛翔ではパタパタパタと力強い羽音を立てながら急上昇し、ある高さに達すると翼と尾羽を精一杯開いて水平に保った状態で滑空（グライディング）します。これを通常何回か繰り返し、滑空では円を描いて大きく旋回することもあります。ドバトもよく滑空しますが翼は水平ではなく両端が上がってV字形になっています。このディスプレイ飛翔は雄だけでなく、独身の雌や番の雌もすることが知られていて、その意味はいまひとつはっきりしていません。

縄張（テリトリー）内に他の雄が入って来ると、縄張の雄は頭を上下させてクックックッと激しく鳴いて威嚇し、追い出そうとします。それでも相手が退去しない場合には体当たりせんばかりに襲いかかって翼で激しく叩き、退去するまで執拗に攻撃します。動物行動学者のコンラート・ローレンツ博士は、名著『ソロモンの指環』の「モラルと武器」で、肉食性のワシやライオン、オオカミなどの必殺の武器を有する猛禽や猛獣には争いに一定のモラルがあって相手を殺すようなことはしないが、草食性でこれといった武器を有しないウサギやハトなどの争いでは相手を完膚無《かんぷな》きまでに痛めつけて止まることを知らないと述べています。一方、雌が入って来ると、グーグーと鳴きながら近づいて頸の斑紋や、尾羽を開いて誇示したりします。雌に気に入ってもらえたとみると、体を寄せ合い、雌の頭の羽毛を嘴でやさしく掻いて整えてやります。すると、その気になった雌はお返しとばかりに雄に同じことをしてやったり、雄の開いた嘴内に嘴を差し入れて、雛が親鳥に餌をねだるように甘えたことをします。そうしているうちにお互いの気分がしだいに高まると、交尾へと発展します。このような交尾に至る雌雄の一連の行動は、ハト類（ハト科の鳥）の多くに共通していて、古代ギリシャ時代から知られており、二三〇〇年も前のアリストテレスの『動物誌』に既に記されています。交尾は二月下旬

滑翔（グライディング）するキジバト　5月

自宅の門脇のアカマツで鳴くキジバト　9月

雄が雌の背に乗り交尾　3月

雄（右）の嘴内に雌（左）が嘴を入れる　3月

（二〇〇八年は二月二十七日）には見られます。

〈鳴き声にまつわる昔話〉

キジバトの鳴き声は、図鑑類にはデデッポーとかゼゼッポー、あるいはデデポーポーとかデデッポーポー、テテッポーポーなどと表記されていますが、私にはどうしてもそうは聞こえずクークークやグォックグォークの繰り返しにしか聞こえません。なお、このほかに、飛び立つときなどに、プンとかプーとか、おならのような声を発することもあります。鳥の鳴き声には方言のような地域差が多少あるようで、『本草綱目啓蒙』（小野蘭山、一八〇三年）には九州の筑前では「與惣次コイコイ」と聞き做して與惣次バトと呼んでいるとあります。

一方、石川県の鹿島郡内では「ととっぽっぽ、親が恋し」と聞き做されていて、それには次のような言い伝えがあります。

昔、鳩は親の言うことを素直に聞かないねじけた子だったそうで、親が山へ行けと言えば田へ行き、田へ行けと言えば畠に行って農作業をするといったぐあいでした。それで親は自分の死後は静かな山中に葬ってほしいと思っていましたので、そう言えばまたきっと反対のことをするだろうと思って、わざと反対の川原に葬ってくれと遺言していました。それで親が亡くなると、鳩はこれまで親の言うことを素直に聞いてこなかったことを反省し、今度ばかりはと改心して遺言どおりに川原に葬ったそうです。しかし、雨が降って川の水が増すと墓が流されはしないかと心配になり、それで雨が降りそうになると亡くなった親のことを思い出して「ととっぽっぽ、親が恋し」と鳴くとのことです。

また、東北地方の一部では「てて粉食えっ」と聞き做されていて、それには次のような言い伝えがあります。

ある飢饉の年に、父親は食糧の足しにしようと蕨《わらび》の根を掘りに山に行ったそうで、お昼近くになったので母親は昼食用にと香煎《こうせん》（むぎこがし）の粉を父親に届けるようにと子供に託しました。ところが子供は途中で道草をくってしまったために父親の元に着いたときには父親は空腹で既に餓死していたそうです。それで子供は後悔して鳩と化し、毎日「てて粉食えっ」と鳴いているとのことです。

営巣場所は雄が探し、雌が決める

巣は、子孫を残すために卵を産み、温め、雛を育てるための大事なもので、天敵に見つからない場所にひっそりと造られます。雄は、営巣に適したと思う場所を見つけると、グッーグッーと低い声で鳴いて雌を呼び寄せます。また、ときには早々と枯れた木の小枝をくわえて運び込んでアピールしたりもします。雄と雌はそこにしばらく一緒にいますが、雌が気に入らないと、雄はまた別の場所を探して同様のことを繰り返します。そんなことを何回か繰り返してやっと決まります。要するに雌が気に入らないとだめで、営巣場所の決定権は雌にあります。

巣は、枯れた五―三〇《センチメートル》くらいの小枝を積み重ねて浅い皿形に造り、直径はおよそ三〇《センチメートル》、深さは五、六《センチメートル》ほどで、雄が小枝を運び、雌がそれを受け取って積み上げ、二―五日（通常四日）で完成させます。なお、小枝は地上で拾ったり、枯れた小枝を嘴で直接折ったりもします。巣内部の産座には親鳥の胸の羽毛が少量敷かれることもあります。巣は粗雑で、下から卵や雛が透けて見えそうです。巣造りは、三月中旬から四月中旬にかけて多く見られますが、その後も毎月のように見られ（七月と十月は見ていない）、最も遅いものでは十二月三十日（一九九二年の事例）というのもあります。

営巣場所は、主に樹枝上で、樹木の種類には特別拘らないようで、広葉樹でも針葉樹でもよいようで、これまで一四種類を確認しています（表参照）。ただ、夏鳥（四月―十一月）として見られている北海道では繁殖の初期（六月）には常緑針葉樹に営巣することが多く、青葉の候になると広葉樹への営巣も多くなるとか。巣は、通常、地上一―八《メートル》の高さに造られることが

営巣場所を検討中。雌（手前）と雄（後方） 8月

巣材を運ぶ雄 9月

巣材を運ぶ雄 9月

ナワシログミ（グミ科）に営巣して抱卵中　4月

表・キジバトの営巣場所（確認順）

	樹種	科	確認年月日	場所
営巣木	ヤブツバキ	ツバキ	一九七八年五月二十一日	五木村宮園
	メタセコイア	スギ	一九八三年八月十五日 一九八四年七月二十八日	北部中の中庭
	アラカシ	ブナ（コナラ属）	一九八四年六月六日 〃　九月四日 一九八五年五月十日	北部中の校庭
	大王松	マツ	一九八四年六月二十二日	北部中の中庭
	かえで	カエデ	一九八五年四月二十五日	自宅の庭
	しゅろ	ヤシ	一九八五年六月十二日	北部中の校庭
	黒松	マツ	一九八六年九月二十七日	鹿子木町の人家の庭
	温州みかん	ミカン	一九八九年四月十八日	河内町中川内
	梛（なぎ）	マキ	一九九一年八月七日 一九九二年十二月三十日	自宅前 自宅西隣の庭
	金木犀	モクセイ	一九九八年六月一日	秋津小の中庭
	カナリーヤシ	ヤシ	一九九九年五月十三日	熊本駅白川口前
	カイズカイブキ	ヒノキ	二〇一二年八月十五日 二〇一三年九月十六日 二〇一四年三月九日	自宅の庭
	犬槙	マキ	二〇一四年三月？	自宅北隣の庭
	ナワシログミ	グミ	二〇一六年三月三十日	熊本市西区春日
人工物	自動車整備工場の庇		二〇〇三年五月二日	熊本市東区画図町
	〃　天井		二〇〇三年十月十日	〃
	クレーン		二〇〇六年六月十八日	〃
	新幹線の高架橋		二〇一七年六月九日	新玉名駅構内

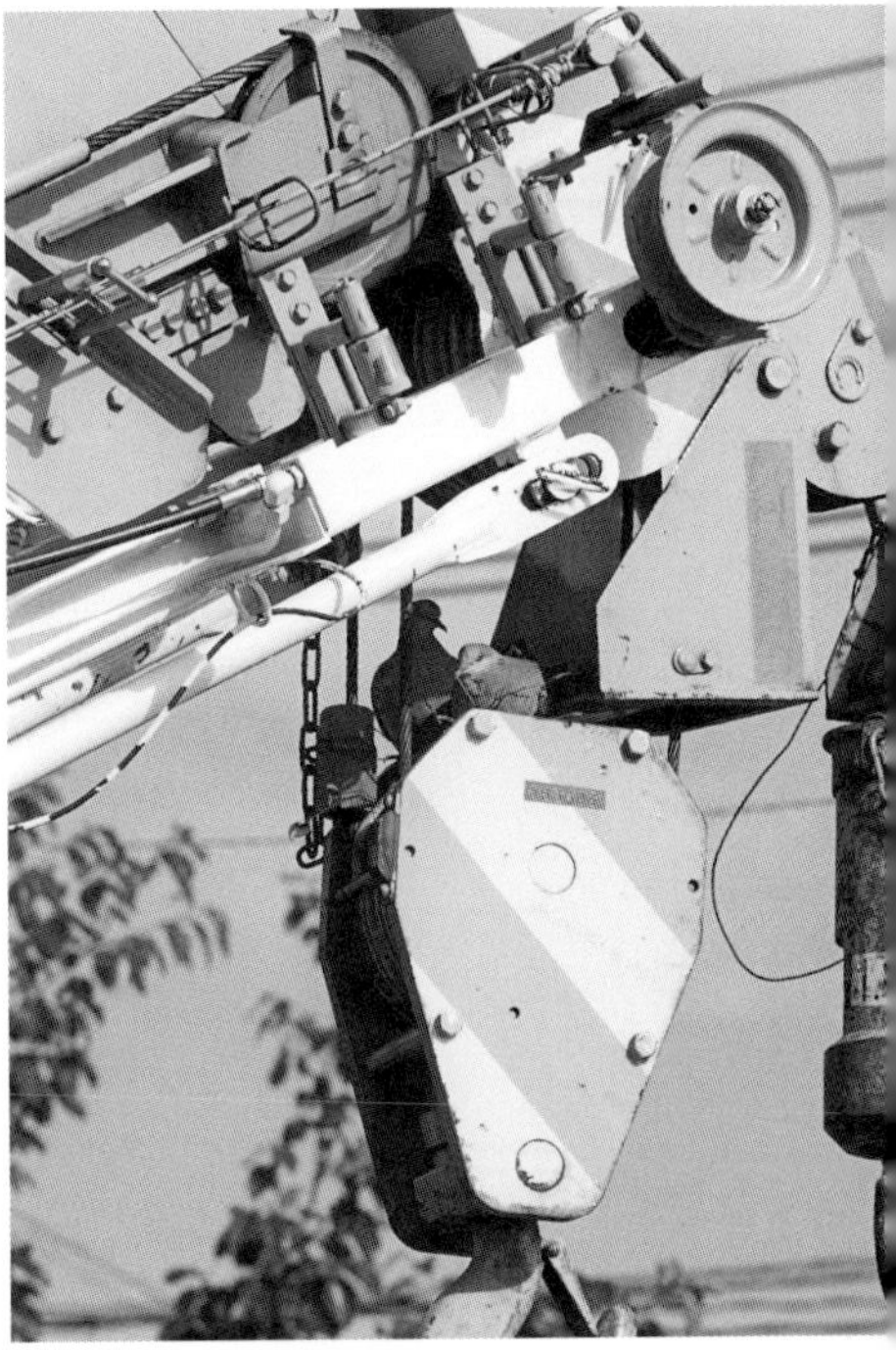

〈上右〉倉庫の庇下に営巣　2003 年 5 月 2 日　熊本市東区画図町で

〈上左〉九州新幹線の高架橋下に営巣 2017 年 6 月 9 日　新玉名駅構内で

〈下〉クレーンに営巣　2006 年 6 月 18 日 熊本市東区画図町で

多いが、先述しましたように南沖縄・先島諸島の離島や、ほかに北海道西部などでも地上での営巣も知られています。また、近年は、樹木や地上以外に、アーケードや倉庫の庇や天井、あるいは新幹線の高架橋などの鉄骨上、はたまたクレーンなどへの営巣なども見られています。

古巣の再利用

鳥の巣造りにはかなりの労力を要するようで、古巣を再利用するものもいます。キジバトの巣は、粗雑で、巣造りにはそれほど労力を費やしているとも思えませんが、それでも営巣場所をいったん決めると、古巣を何度も再利用することがあります。

わが家の庭のカイズカイブキに平成二十五年（二〇一三）の九月中旬に造った巣では十一月七日に二羽の雛が無事に巣立ちました。すると、その同じ巣で翌二十六年（二〇一四）にも繁殖し、四月十三日には雛が一羽巣立ち、十一月には二回目の繁殖で二十五日に雛二羽が孵りました。しかし、その二羽の雛は、その後ともにハシボソガラスに捕食されてしまい繁殖には失敗しました。それなのに翌二十七年（二〇一五）にもなんとその同じ巣で、五月と八月と十一月に三回も産卵し、翌二十八年（二〇一六）にも同じ巣で五月に産卵しましたが、いずれも繁殖には失敗しました。

平成二十九年（二〇一七）は、二月になると古巣をたびたび訪れては巣の上でクークークク、クークークククと鳴いていて、五月になると二羽連れで訪れることもあり、七月になると頻繁に訪れるようになりました。そして、七月三十一日夕には卵一個、八月二日朝には卵二個を確認しましたが、その間に古巣に手を加えるのは全く見られませんでした。しかし、八月十九日には雛二羽の孵化が確認でき、八月三十日の午前中に二羽の雛とも親鳥に誘われるようにして元気に巣立って行きました。

このようにわが家のカイズカイブキに造られた巣は同じものが、この本を執筆している平成二十九年（二〇一七）九月現在で五年間にわたり八回もの繁殖に利用されています。ただ、雛が無事に巣立って繁殖に成功したのは巣を造った最初の年と次の年、それに平成二十九年（二〇一七）の三回だけで、残る五回は繁殖の途中で失敗しています。その失敗の原因については、また後で詳しく述べることにします。

鳥の古巣の再利用はイヌワシやクマタカのような大型猛禽類では極く普通で、何年も再利用されている巣では補修によって巨大になっています。小鳥類は多くが繁殖のたびに巣を新しく造っていますが、身近にいて人家に営巣しているスズメやツバメは古巣をよく再利用していまず。イヌワシやクマタカなどの大型猛禽類が営巣できるような断崖の岩棚や大木はそうあるわけでなく、一方、スズメやツバメが営巣している人家も、近年の人の生活や建築様式の変化に

ハシボソガラスの巣を物色する　2005 年 3 月 15 日

ハシボソガラスが巣造り中　2005 年 3 月 16 日（写真は上下とも熊本県玉名市横島町で）

よって格好の営巣場所は減少しています。しかし、キジバトでは営巣場所が減少しているとも、粗雑な巣を造るのに多大な労力を費やしているとも思えません。古巣の再利用に際しては、ほとんどの鳥が巣の補修はもちろんのこと、内巣（産座）部分だけは必ず新しくしていますが、キジバトは何の手も加えずにそのまま再利用することもあります。また、実際に利用したのはまだ確認はしていませんが、自分が造った巣だけでなく、怖い天敵のハシボソガラスの巣なども物色しているのを見かけることもあります。キジバトは、巣造りがよほど苦手で、面倒にでも思っているのでしょうか。雌雄協同での巣造りには番《つがい》の絆を強め合う効果もあるようですが、そのへんもどうなっているのでしょうか。キジバトの古巣再利用の真意はともかく、ある地域での古巣再利用率は二五パーセントだったとの調査報告もあります。実に、四つに一つの割合です。

抱卵は雌雄交替で

卵は白く、大きさは三三×二六ミリメートルほどで、ウズラの卵より約一割ほど大きく、通常二個産みます。第一卵を産んだ日からすぐ抱卵しますので、卵を確認するのは容易ではありません。

自宅庭のカイズカイブキに平成二十四年（二〇一二）に造られた巣では、八月十五日の十七時三十分から十九時の間に第一卵を産んだのを確認し、翌十六日はまだ一卵のままでしたが、次の十七日には十七時二十二分から十七時三十分の間に第二卵を産んだのを確認しました。また、同じ巣で、平成二十八年（二〇一六）五月十一日十六時に第一卵を確認し、翌十二日はまだ一卵のままで、次の十三日十三時十五分には卵が二個になっているのに気づきました。この二つの産卵事例から、卵は午後（十三時から十九時の間）に間一日を空けて二個産んだことが知れました。

産卵は、早く三月（二〇一四年は三月九日）には見られ、遅いものでは十一月（二〇一四年は十一月二十二日の二卵、二〇一五年は十一月十五日の一卵）まで見られます。

抱卵は、昼間は雄がし、夜間は雌がします。抱卵の交替は、朝は八時から十一時の間に雌から雄へ、夕方は十五時から十七時の間に雄から雌へなされます。抱卵交替の時には抱卵中の親鳥がクーク、クークとかなり大きい声で〝抱卵を交替しようよ⁉〟とばかりに呼び掛けます。するとまもなく交替にやって来ます。それで、抱卵交替の場に居合わせると、巣は容易に見つけることができます。一日の抱卵時間は、雌が夜間を中心に約一六時間で、雄は昼間に約八時間と、雌が長くて雄の二倍になっています。抱卵を始めてから一五―一六日目に雛が孵ります。雛の孵化は三月下旬（二〇一四年は三月三十日）には見られます。

夕方の雄（右）から雌（左）への抱卵交替中　6月

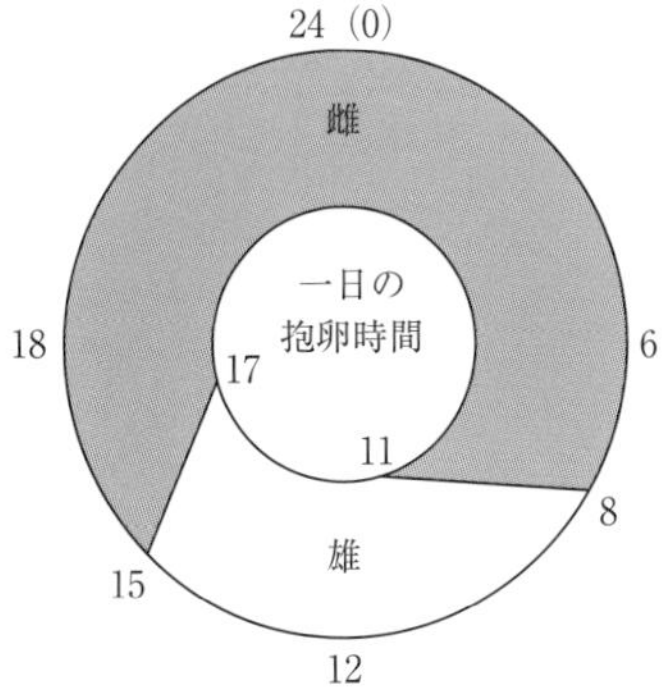

1日の雌雄での抱卵時間

卵は2個産む　8月

雄も乳を与える

孵化したばかりの雛は、全身が黄色で粗い縮れぎみの長い幼綿羽に覆われていますが、まだ眼は開いておらず体温調節能力もありません。それで親鳥は卵のとき同様に雛も一日中抱き続けます。雛にはハト類独特の鳩乳（ピジョンミルク）が与えられます。食道の一部である嗉嚢の肥厚した内壁が剝離したもので、カテージチーズのような粘り気のある栄養価の高い液体で、雌だけでなく雄も分泌します。嗉嚢の内壁は雌雄共に抱卵を始めると肥厚し始め、雛が孵化すると剝離して鳩乳となるのです。給餌の方法もまた独特で、多くの鳥では雛が開けた嘴内に親鳥が餌を差し入れて与えていますが、キジバトでは雛自ら嘴を親鳥の嘴内に差し入れて鳩乳を吸引しています。鳩乳の分泌量は雛の孵化初期に多く、日を経るにつれて少なくなり一週間後くらいからは鳩乳に草本の小さい種子なども混じり二週間後には分泌されなくなります。それで植物の種子などを直接与えることになります。

孵化して四―五日すると眼も開き、気温が下がる夜間は雌が抱きますが、昼間は雄がわずかな時間だけ抱く程度になります。孵化して七―八日すると正羽が生え始めます。すると親鳥はもう雛を抱かなくなり、一日の給餌も午前中に一回と午後に一回の二回だけになります。午前はだいたい七時―九時半の間に、午後は十四時―十六時半の間に行われます。抱卵や抱雛などからして、午前の給餌は雄親で、午後は雌親ではないかと思われますが、うかつにもまだ未確認で今後の観察課題になっています。孵化して一〇日後には正羽が生えそろい、一五—一九日（平均一六日）目に巣立ちます。

巣立ちは、四月中旬（二〇一四年は四月十三日）には見られます。六月上旬には巣立ちの第二回目のピークがあり、その後九月中旬から十一月上旬にかけて第三回目のピークがあり、遅い巣立ちとしては一九八三年の十一月八日、次いで二〇一三年の十一月七日というのがあります。巣立ちは二羽とも同じ日で、巣立ち後の四—七日間は巣の近くに留まっていて雄親から給餌を受けています。その後はそれぞれ自立のため新天地を目指して旅立って行きます。ちなみに二羽は雄と雌といわれていますが、実際にはかならずしもそうではなく、二羽とも雄、あるいは雌のことも多い。しかし、多くを平均すれば、雄と雌がほぼ同数になることは確かです。

なお、気温が低い北海道での巣立ちまでの育雛期間は幅が広くて、気温が低い時季より高い八—九月の時季に長くなる傾向があるそうで、気温が高いと雛の代謝量が増してその分成長が遅れるからではないかとみられています。

孵化したばかりの雛、眼も開いていない。11 月

抱雛中　4 月

雨から雛を守る　6 月

鳩乳を与える　6月

親鳥が雛に鳩乳を口移しで与える　10月

〈上〉巣立ち当日朝（8 時 30 分）の雛

〈中〉巣立って間もない幼鳥。頸の特徴的な斑紋はまだ見られない。10 月

〈下〉巣立って間もない幼鳥（手前）に給餌する雄親。4 月

（写真はいずれも自宅の庭で）

鳩乳（ピジョンミルク）

ハト類（ハト科の鳥）が、雛を嗉嚢からの分泌物で育てることを一六八五年にコンラット・ベイヤーが発見しました。その後一七八六年にジェー・ハンターは、その分泌物が嗉嚢内壁が肥厚して剝離したものであることをつきとめました。嗉嚢は食道の一部が膨らんで袋状になったもので、平素は食べた食物を一時的に貯蔵するのに使われており、ハト類では特に大きく発達しています。ハト類の嗉嚢には左右の袋とその中央に漏斗《ろうと》部があり、袋の内壁は極く薄いものの六層から成っていて弾力性があります。それで食物をいっぱい詰め込むと大きく膨れて胸部が前方に張り出し、いわゆる〝鳩胸〟になります。なお、嗉嚢内では食物は水分を含んで軟らかくなりますので消化し易くなる効果もあります。

嗉嚢の内壁には平素は極めて細い皺《しわ》があるだけですが、親鳥が抱卵を始めると、雌だけでなく雄の嗉嚢の内壁も細胞分裂して皺が肥厚して弾力性が無くなり、八日目には細胞間に脂肪球が増し、雛の孵化時には嗉嚢内壁の厚さは平素の二〇倍にもなっていて、ついには内壁は皺の形のまま剝離して嗉嚢内に溜まります。一見、黄色いカテージチーズのような粘り気のある濃厚な液体で、水分が六五《パーセント》で、タンパク質や脂肪分に富み、ビタミン（A・B・B_2）やミネラル（ナトリウム・カルシウム・リン）なども含まれていて栄養価が高く、哺乳類の乳に似ていることから「鳩乳（ピジョンミルク）」と呼ばれています。ただ、乳といっても乳糖やカゼインは含まれていません。

鳩乳の分泌には、哺乳類の乳（ミルク）の場合と同様に脳下垂体から分泌される催乳ホルモンのクロラクチンが関与しています。また、鳩乳の嗉嚢内壁からの剝離は、漏斗部にあるタイヒマ氏腺からの分泌物によって促されていることを現・平成天皇の弟君、常陸宮《ひたちのみや》殿下が東京大学理学部動物学教室の藤井隆教授のもとでの研究で解明され、一九五九年に論文発表されています。鳩乳の分泌量は育雛初期に非常に多く、ドバトでは一日に十数回雛に与えられますが、雛の成長とともに少なくなります。雛の孵化一週間後頃からは鳩乳に小粒のアサの実などが混じり、次いで粒がより大きいトウモロコシなども混じるようになり、二週間後には鳩乳は全く分泌されなくなります。

ハト類は、このように正にわが身を削って雛を育てていますので、古代のヨーロッパでは母性の象徴（シンボル）とされていました。実際には父性の象徴、育メンの鑑でもあるのですが⁉。ハト類は、このように独特の雛の育て方をしていますので、食物が十分得られさえすれば季節にはあまり関係なく育雛ができるのです。私が住んでいる熊本県内でのキジバトは、厳寒の一月を除く全月で繁殖行動が見られています。

旺盛な繁殖力

平成二十四年（二〇一二）八月二十三日の午前八時少し前に、自宅車庫前のカイズカイブキに営巣して抱卵中だったキジバトの巣をアオダイショウが突然襲って卵を二個とも丸呑みしてしまいました。すると、同じ番とみられるものが、なんとそれから八日後の八月三十一日朝七時半には、わが家の屋根ひとつ隔てた北隣の家の犬槙《イヌマキ》に営巣し始め、九月二日朝七時には卵を一個産んでいるのを確認しました。しかし、その五日後の六月七日朝七時半には何があったのか卵は二個とも無くなっていて親鳥の姿もありませんでした。と、その二日後の九月九日の十七時にはなんと意外にも八月二十三日にアオダイショウに卵を呑まれてしまった古巣上で鳴いていて、その二日後の九月十一日の十六時半には卵を一個産んでいるのに気づきました。信じ難いことで、アオダイショウに卵を呑まれても懲りないのでしょうか。あるいは営巣場所探しによほど窮しているのでしょうか。いずれにしてもその繁殖への執念には感服させられます。

キジバトは、鳩乳で育雛するという独特の繁殖戦略により、食物が十分得られさえすれば季節にはあまり関係なくほぼ一年中繁殖できていて、同じ番で年に二―三回繁殖しています。二回目の繁殖は、縄張（テリトリー）内の別の場所に新しく巣を造ってしまいますが、それがなんと、まだ一回目の繁殖での雛が巣内にいる巣立ち前から行われるのです。雌はさっさと二回目の産卵をして抱卵に入ってしまい、まだ巣に残っている雛の世話は雄がするのです。雌は育雛を途中で放棄するいかにも薄情で、一方雄は子煩悩な父性愛に満ちた育メンの鑑に見えます。こんなことができるのは巣立ち間近の雛への給餌は一日に午前（七時―九時半）か午後（十四―十六時半）の一回で済むからで、これもキジバトにとっては子孫をより多く残す効果的な繁殖戦略ということでしょう。

〈昔話「鳩のたち聞き」〉

昔、ある山里で、谷向かいの山畑で爺が何か仕事をしていました。それを見たもう一人の爺が「今日は何をしている」と問いましたら、返事はせずに小手招《こてまね》きをしました。それでわざわざ谷川を渡ってそばまで行って再度何をしているのかと問いましたら、爺は耳に口を寄せて「大豆を蒔いている」と答えたそうです。大豆を蒔くのがどうして内緒事だと問いただしますと、爺は「鳩に聞かれたら大変だから」と答えたそうです。

（群馬県吾妻郡）

食性と食害

ところで親鳥は何を食べているのでしょうか。鳩といえば豆を連想する人が多いと思いますが、実際にもいろんな種類の種子のほか、果実、葉、蕾、花などの主に植物質を食べています。また、ときにはミミズやカタツムリ、昆虫の幼虫などの無脊動物なども食べています。

食物の多くは乾いた堅い種子ですので嗉嚢で水分を含ませて軟らかく消化しやすくしています。それには水分が必要ですが、育雛期には鳩乳を分泌しなければなりませんのでより多くの水分が必要です。それで水を飲むのですが、その飲み方がまた独特です。ほとんどの鳥は下嘴で水をすくって上方を向いて重力によって食道に流し込んでいますが、キジバトは嘴を水につけたままでゴクゴクと吸い込むようにして飲んでいるのです。このような水の飲み方はハト類（ハト科の鳥）だけに共通する独特の技です。

種子の多くは、いわゆる雑草のものですが、当然、穀類も含まれており、北海道などでは食害が問題になっています。大豆《ダイズ》や小豆《アズキ》・玉蜀黍《トウモロコシ》・小麦《コムギ》・稲・燕麦《エンバク》・蕎麦《ソバ》など収穫期だけでなく、播種期や発芽期にも食害が発生しています。特に大豆は播種や発芽の時期がキジバトの繁殖最盛期と重なっているため被害が大きいとか。子葉部分を食いちぎったり、根ごと引き抜いてしまうとか。小豆や玉蜀黍・小麦・蕎麦などは子葉を地中に残して発芽するので本葉ごと引

空き地での採餌（手前と後方左側の２羽はドバト） ５月

稲穂を啄む ９月

稲の二番穂を啄む　1月

麦畑で採餌　5月

ナンキンハゼ(トウダイグサ科)の乾果を啄む　2月

ヨウシュウヤマゴボウ(ヤマゴボウ科)の実を啄む　7月

水に嘴をつけたままで飲む　6月

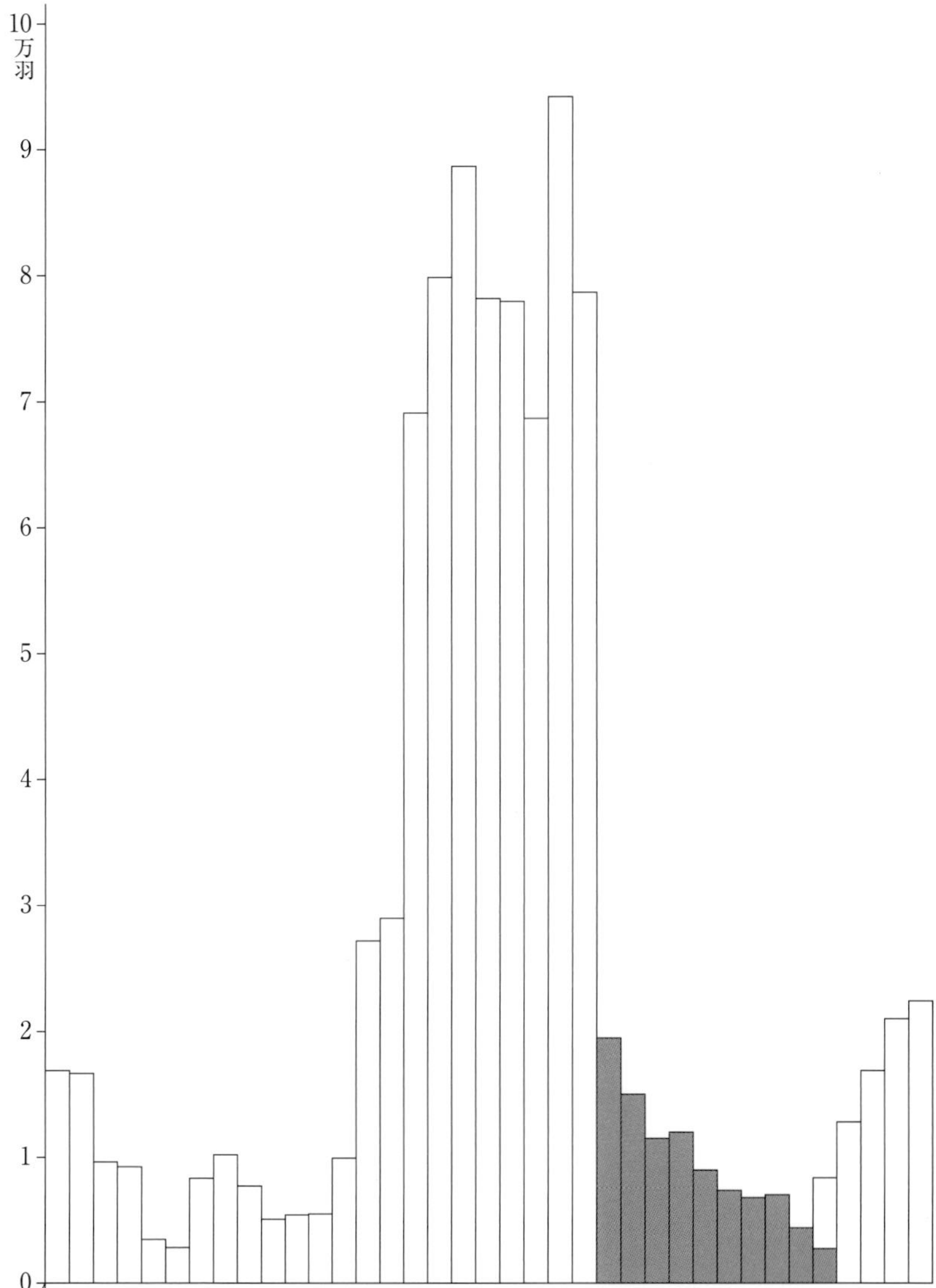

キジバトの年度（昭和）別駆除数（林野庁の『鳥獣行政のあゆみ』より作成）

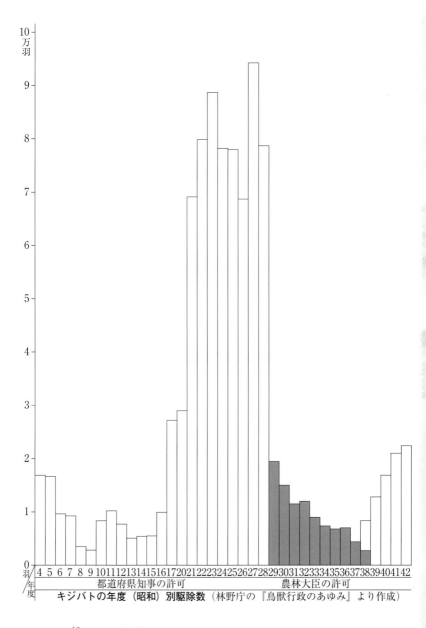

き抜くそうで、本葉が完全に出てない場合には嘴で土を掘って子葉を食べるとか。

キジバトの繁殖力は、先述したように旺盛で、狩猟による捕獲数は、昭和の時代になると急増して全国で一年間に一〇〇万羽を超え、昭和九年（一九三四）には一五〇万羽を超え、そして昭和三十六年（一九六一）には二〇〇万羽を超えています。それに加えて先述の理由によって有害鳥として駆除されることもあり、その個体数は、昭和初期（四、五年）には一六〇〇〇羽余りでしたのが、昭和十七年（一九四二）には二七二八三羽、その十年後の昭和二十七年（一九五二）には九四四一八羽の最大羽数を記録しています。しかし、その後の駆除羽数は減少傾向にあります。

非繁殖個体は小群をなす

巣立った幼鳥たちがその後どのような生活をしているかはまだよく分かっていませんが、秋から春先にかけては郊外の田園地帯などで数羽から十数羽くらいで群れているのをよく見かけます。北海道では夏鳥で、渡去前の十月上旬には一〇—二〇羽の群れでの行動が目立つとか。本州以南の留鳥として見られている地域で、これらの群れに成鳥も混じっているかどうかはよく分かっていません。いったん番になって縄張（テリトリー）を持つと、ほとんど年中番で生

〈上〉繁殖していないものは小群をなす　3月

〈下〉番がコサンチクの茂みで就時　11月

活していているようで、繁殖には同じ古巣を何回も再利用し、塒の場所もだいたい決まっているようです。私はほぼ毎日夕方に妻と一緒に家の裏手（北側）にある花岡山（一三三メートル）を散策していますが、十七時頃になると、中腹のコサンチク（ホテイチクとかクレタケともいう）の林のほぼ決まった場所に番で就塒するのが見られます。

ただ、昼間に群れているものが夜間も集団就塒をするのかどうかは分かっていません。

天敵

わが家の庭ではキジバトが昭和六十年（一九八五）以降、毎年のように営巣していますが、雛が二羽とも無事に巣立ったのは平成二十九年（二〇一七）の一回しかありません。それで、このような状態でキジバトの将来は大丈夫だろうかと心配しています。

昭和六十年（一九八五）十一月十三日には、わが家に居着いている雄猫「マカ」が、まだ巣に居たと思われるキジバトの雛を捕って来ました。また、その二年後の昭和六十二年（一九八七）十月四日には、今度は同じくいつの間にか居着いている雌猫「ミイ」が同様にキジバトの雛を捕って来ました。わが家の庭には野鳥用にと給餌台や水飲み、水浴び場なども設けてやっていますので多くの野鳥が集まって来ています。それらの野鳥たちをわが家に居着いた猫たちがねらって時々捕ってわざわざ持って来るのには頭を痛めています。しかし、キジバトを脅かしているのは猫だけではありません。

平成二十四年（二〇一二）八月二十三日朝の午前八時少し前のことです。いつものようにカイズカイブキのキジバトの巣を見ると、親鳥はいなくて卵が二個ありました。と、突然アオダイショウが巣にスルスルとやって来て、呆気にとられていると卵を二個ともアッという間に呑み込んでしまいました。アオダイショウが二個目の卵を呑み終えた頃に雄の親鳥が巣に戻って来ると、雄の親鳥にも襲いかかりました。が、間一髪のところで難を逃れました。日頃は庭でアオダイショウを見ることはほとんどありませんが、家のすぐ裏手（北側）には花岡山（一三三メートル）がありますのでたぶんそこからやって来たのでしょう。

キジバトのもっと怖い天敵はまだほかにもいます。平成二十六年（二〇一四）には、前年に二羽の雛が無事に巣立った巣を補修して営巣し、雛が一羽育っていました。しかし、四月十二日の十五時半に、巣立ち寸前まで成長していたその雛をハシボソガラスが突然襲いました。それをたまたま見かけた妻がハシボソガラスを追い払い、そして西隣の空地の草の茂みに逃げ込んで隠れている雛を救出しました。雛は尾羽が二、三枚抜けていましたが、それ以外は外傷は見当らず元気そうでしたので、金網製の鳥籠に収容して安静にして一夜を過ごさせました。そして、翌朝の七時半に親鳥の雛に呼びかけるような鳴き声がしましたので、すぐ巣のすぐ近くに鳥籠を置いて戸口を開けておいたところ、三十分後の八時に親鳥に誘われて飛び立って行き、その飛び方を見てほっとしました。

ところが、同年の二回目の繁殖は、なんと意外にも同じ巣で始めたのです。そして、十一月二十五日に今度はハシブトガラスが孵化したばかりの雛一羽をくわえ去り、残る一羽の雛もそれから四日後の十一月二十九日に同じくハシブトガラスにくわえ去られてしまいました。

翌、平成二十七年（二〇一五）にも、なんと前年にハシボソガラスやハシブトガラスに雛が襲われた巣を再利用して営巣しました。五月九日には卵一個を確認し、その後抱卵しているようでしたが、五月十六日には巣が空になっていて親鳥の姿も見えなくなっていました。その後、八月に再び同じ巣に営巣して抱卵していましたが、九月十三日朝にキジバトにしては大き過ぎる羽音がしましたので、すぐカーテンを開けて見ると巣からハシボソガラスが慌てて飛び去り、巣には何も無くなっていて空になっていました。

このようにキジバトは同じ巣でハシボソガラスやハシブトガラスに雛や卵を何度も食害されてもなぜ懲りて反省し学習しないのでしょうか。一方、ハシボソガラスやハシブトガラスの方はキジバトの巣の場所を完全に覚えて学習しており、それで定期的に偵察にやって来ているようです。営巣木のすぐ近くにはほかにもカイズカイブキは四本あって、それらにも営巣するには格好と思える場所は何か所もあります。巣は粗雑で、すぐ新しく造り直せるのになぜ同じ場

〈上〉ハシボソガラスに食べられる　9月

〈中・下〉アオダイショウが卵を呑む　8月

所に拘り続けているのかちょっと不可解です。キジバトの営巣行動が変わらない限り、同様のことが繰り返されるのではないかと憂慮しています。

滑り易くて抜け易い羽毛

ハト類（ハト科の鳥）の羽毛は非常に柔らかい和毛《にこげ》で、しかも少し引くとすぐ抜けてしまいます。また、強く持つと手には白い粉がつきます。この粉は羽毛の古くなった先端部が崩壊したもので、防水や汚れ防止に役立っていて粉綿羽《ふんめんう》（Powder down）と呼ばれています。粉綿羽はハト類のほかにサギ類やインコ類などにもあり、特にサギ類の胸と脇では顕著です。

このようにハト類の羽毛が抜け易かったり、表面が滑り易くなっているのは、天敵の大型のカラス類やタカ類などに襲われた際には、トカゲが尾の先端部だけを切って逃げる自切と同様に強力な嘴や鋭い爪から擦り抜けるのにも好都合のようです。

羽毛の手入れ

羽毛は、繊細複雑な構造で断熱性の空気層を成して体熱の放射を防ぐ一方、翼や尾の羽毛は揚力を生んで飛翔を可能にしています。空中を飛ぶには、水中を泳いだり、陸上を歩いたりするよりも多くのエネルギーを消費します。それで鳥類の体温は人より高くて四〇度以上もあります。ところが、その暖かい羽毛の空間はノミやシラミなどの外部寄生虫にとっては快適な棲み処となっているのです。ノミは左右から圧せられたように縦に平たくて表面がスベスベした体で羽毛の間を容易に擦り抜け自由に動きまわって血を吸い、シラミは上下から圧せられたように横に平たい体で体表や羽毛にしっかりとしがみついて血を吸うだけでなく羽毛も食害しています。

それで、鳥は、これらの外部寄生虫や、日常生活での汚れを落として羽毛を清潔にする必要があります。それにはまず水浴びで羽毛表面の汚れを洗い落とし、羽毛を水に浸《ひた》して外部寄生虫の駆除を容易にしています。浅い水溜まりで体を前方に傾けて嘴や頭部を水につけて細かく振り動かすとともに翼を上下にバタつかせて水を跳ね上げ、次に体を起こして翼を交叉《こうさ》させて動かして水をシャワーのように羽毛に浴びせます。また、雨の日には体を横たえて翼を片方ずつ開いて上げ、裏側に雨を受けての〝雨浴び〟もします。水浴びや雨浴びが済むと体を震わせて水を切り、嘴を木の枝などに擦《こす》り付けてよく拭き、まず翼の羽繕いから始めます。翼が濡れたままですと、天敵が接近しても素早く飛んで逃げられないからです。嘴で初列風切の羽の根元の方から一枚ずつしごいて整え、次に次列風切や三列風切の羽毛は脇の間から頭を後ろ向きにひねって整えます。頸がとてもしなやかですので尾羽や腰の羽毛、肩羽などにも嘴が届きます。しかし、頭部の羽繕いには嘴は使えません。それで頭部の羽繕いには趾《あしゆび》を使います。その使い方には、趾を頭部に下方から直接もっていく方法と、翼を下げて翼と体の間の上方から趾を出してもっていく方法の二通りがあります。ハト類（ハト科の鳥）をはじめ多くの鳥類は前者の方法ですが、スズメ目《もく》の小鳥の大部分は後者の方法で、なかにはインコ類やアメリカムシクイなどのように両方法を使っている鳥もいます。

ただ、頭部の羽繕いは、ほかの仲間の嘴でやってもらえたらより効果的でしょう。しかし、嘴は相手を攻撃する武器にもなりますので依頼するなら信頼できる相手でなければいけません。ときに番《つがい》の雌雄が同じ木の枝に横並びに体を寄せ合って止まり、頭部の羽繕いを相互にし合っているのを見ることがあります。羽繕いしてもらいたい鳥は、体を擦り寄せて頭部の羽毛をフワッと立て、顔をそむけて敵意が無いことを示して催促し、羽繕いが始まると頭部全体をしてもらえるよう頭の位置を動かしています。このような行動を交互にやっているのですが、これには番の絆を強め合う効果もありそうです。

羽繕いが済むと、良く晴れた日などには地面に横たわり、翼を開いて日光浴もよくしています。

上・下とも　水浴び　4月

直接法での頭掻き　6月

今度は雌(左)が雄が(右)の頭を掻いてやる　3月

雄が（右）が雌（左）の頭を掻いてやる　3月

日光浴　4月

日光浴　4月

Ⅱ　アオバト

アオバト（緑鳩）*Treron sieboldii*　アオバト属、全長三三センチメートル《センチメートル》

全身がほぼ緑色で、額から顔、胸にかけては黄色みを帯び、腹は白っぽく、脇や下尾筒には黒緑色の縦斑があってクマザサの葉のようです。雄は小雨覆が赤褐色で、雌とは区別できます。

緑色（グリーン）と青色（ブルー）は、古くには現在のように明確に区分されていなかったようで、その名は羽毛の緑色によっているようです。江戸時代の初期からアオバトと呼ばれており、熊本県宇土市一帯では「めじろばと」とも呼ばれていて、これも特徴をよく捉えています。ちなみに漢名は青鵻《セイスイ》で、やはり緑色の鵻（鳩の一種）という意味です。また、英名はJapanese Green Pigeon（日本産緑鳩の意）で、いずれも羽色に注目した名となっています。

学名の種小名 *sieboldii* は、採集者のドイツの医者で博物学者でもあったフィリップ・フランツ・フォン・シーボルトのことです。彼は江戸後期に長崎・出島の商館付きの医師として日本滞在中に採集、収集した動物について『ファウナ・ヤポニカ（日本動物誌）』をオランダで出版していて、それには新種も多く含まれていますが、日本産鳥類でシーボルトの名が学名に用いられているのはこのアオバトだけです。

元来、南方系森林性の果実食の鳩で、嘴はやや太くて大きく開き、一方、嗉嚢や砂嚢は少さく、腸は太くて短いという食物適応が認められます。日本のほか、台湾や中国南部、インドシ

ナ半島にかけて分布していて三つの亜種に分けられています。日本にはその中で最も北方に分布する基亜種のアオバトが九州から北海道にかけて生息しています。広葉樹の密林に生息していて、ドングリ（カシやシイの実）を好んで食べるようです。緑色の美しい羽毛もよく茂った森林中では緑葉と紛らわしくてかえって目立たず、オーアーオーとちょっと赤ん坊の泣き声のような独特の鳴き声で存在に気づかされることが多く、それでアオバトの名は鳴き声によるとの説もあります。鳴き声が尺八の音色に似ていることから熊本県北部の玉名地域では尺八鳩《しゃくはちばと》とも呼んでいます。果実食で、ナトリウム補給のため温泉水や海水も飲み、熊本市西区河内町の有明海の岩礁では夕方になると数羽で飛来して海水を飲むのが見られますし、八代市日奈久町の八代海（不知火海）に突き出た鳩山の磯でもアオバトが海水を飲むのが見られます。

九州から北海道にかけてほぼ全国的に繁殖していますが、繁殖については日本産野鳥の中ではなかなか確認できなかった鳥の一つです。主に落葉広葉樹の密林中の地上一―六メートルの枝上に枯れた細い枝や蔓などで粗雑な浅い皿形の巣（外径二〇―四五センチメートル）を造り、乳白色無斑の卵（三二×二四ミリメートル）を二個産むとのことです。本州以南では留鳥ないしは漂鳥ですが、北海道では夏鳥で、北海道や本州北部などの北方で繁殖したものは冬季には本州中部以南に漂行し越冬するとみられています。九州では冬季には数を増し、数羽から数十羽の群れも見られ、特に春先には市街地でも群れが見られます。

種小名（学名）がシーボルトのアオバト、雄（前）と雌（後）『日本動物誌』より

冬季にはよく群れる　1月

〈上下とも〉桜花を啄む　4月

幻の巣を発見

昭和五十三年（一九七八）五月は、熊本県産のハト科鳥類の営巣が相次いで確認された歴史的な年月となりました。キジバトの営巣を熊本県内では初めて県南の五木村宮園で確認した一週間後の五月二十八日には阿蘇の外輪山西北外側斜面の菊池渓谷に設けられている県の「野鳥の森」で、それまで幻だったアオバトの営巣が確認できたのです。

その日、私は鳥友のN氏と探鳥（バードウォッチング）を楽しんでいて、渓谷左岸沿いの海抜七〇〇㍍《メートル》あたりの遊歩道を上流方向へ歩いていると、左脇に先週キジバトの巣があったのと雰囲気が似た、ヤマフジの茂みがありましたので何気なく茂みの内側を覗いてみますと何やら鳥の巣のような黒い塊が目に留まりました。ヤマフジは立ち枯れしたイヌシデに複雑に絡み付いていて、その頂近くの茂みにその塊はあり、よく見るとそれは間違いなく鳥の巣で、その上には親鳥がいて頭部と尾羽が巣からはみ出ています。双眼鏡で詳しく見ると、それはなんとアオバトでした。美しい緑色の羽毛も緑色の葉の茂みの中では隠蔽色《いんぺい》（保護色）となって溶け込み、かえって目立ちません。巣からはみ出ている下尾筒のクマザサの葉に似たクリーム色の幅広い縁取りがある黒緑色の羽毛の独特な鱗模様でやっとアオバトだと分かったほどです。巣にいるのは小雨覆が赤褐色ですので雄のほうです。アオバトは生きているのだろうかと疑いたくなるほど身動きひとつせずに、まるで造り物のようにじっとしています。記録のためにとストロボを使って撮影しましたが、なんら動じません。アオバトは私たちに気づいていないはずはなく、よほど己の隠蔽色（保護色）に自信を持っているのでしょうか。動くのを確認したくてまばたきするのも堪えて凝視していますが、いっこうに動く気配はありません。それでとうとう根気負けし、暫く場所を離れて様子をみることにしました。離れた場所で昼食を済ませて戻ってみると、なんと頭部と尾羽の向きが反対になっていて、やっと生きていて動くことも分かりました。巣内には卵があるのか雛がいるのかは分かりませんが日時を経ればいずれ分かることで長居は無用です。そう自分に言い聞かせてたち去りかけたものの、やはりどうも気になって仕方がなく、たち戻ってみると、また体の向きを少し変えていました。まるで「達磨さんが転んだごっこ」でもしているようで、私たちの行動を完全に見透かして行動しているのです。アオバトの巣は、先述のように日本の野鳥の中では最後まで発見されなかったものの一つで、熊本県内ではまだ発見されていませんでした。アオバトは、キジバトほど多くはなくて、しかも人里離れた山地の密林で繁殖しています。その美しい緑色の羽毛も緑葉の茂みの中では隠蔽色（保護色）となってかえって目立たず、しかも巣ではじっとしています。それに果実食ですので雛が孵っても動物食の鳥より給餌回数は少なくて巣への出入りは少ないので余計に目立ちません。それでこれまで巣がなかなか発見されなかったのでしょう。熊本野鳥の会会員の間では鳥の巣探しの名人と自他共に認めるN氏あたりがいつか発見してくれるだろうとみられていただけに先をこされたN氏の落胆ぶりは大きく、その表情を見ていると嬉しさと同時に複雑な気持ちになりました。

六月三日は曇り一時雨で、山歩きには不向きですが、巣のその後の様子がどうも気になって、隣の大分県九重町での「野鳥シンポジウム九州'78」に行く途中に少し遠回りしてたち寄ってみました。巣には前回と同様に雄がじっと就いていて別に変わった様子はありませんでした。と、雨が降り出しましたので帰りかけていますと、七〇《メートル》ばかり下流方向の同じ左岸側によく似たヤマフジの茂みがあるのに気づき、よく見ると、なんとそこにもアオバトの巣があるではありませんか。アオバトが後ろ向きに巣に就いていて、下尾筒の独特の鱗模様ですぐアオバトだと分かりました。巣内の様子は見えないかと崖淵まで近づこうとしていますと、突然、親鳥が立ち上がったかと思いきや茂みをかき分けるようにして羽音も大きく対（右）岸の林へ飛び去りました。予想外の警戒心の強さに呆気にとられてしまいました。巣内はよく見えませんが、雛がいるふうではありませんでした。先の用もありますので帰りかけたものの驚いて巣を放棄してしまったのではないかと心配になって十分後くらいに引き返してみると、巣にアオバトが戻っていて安心しました。と、また突然羽音も大きく飛び去って行きました。この極端な警戒心の強さは、単に個体差によるものでしょうか、それとも繁殖段階の違いによるのでしようか。

六月九日には熊本地方の梅雨入り宣言があり雨の日が多くなりましたが、六月十四日は晴れ時々曇りの天気予報で、ウイークデイでしたが仕事の都合をつけて訪ねてみました。最初の巣では相変わらず雄が巣に就いていましたが、以前とは少し違って中腰のような姿勢です。ときどき背伸びするようにしては胸の下を覗くような動きをし、その後で嘴をもぐもぐさせています。どうやら雛が孵っているようで、親鳥の胸のところに見える白っぽい塊は一向に動きはしませんが、まず雛に間違いなさそうです。一方、後で見つかった巣には親鳥の姿は無くて、巣内にも何もないようでやはり巣は放棄されたようで残念でした。

六月二十五日には前日までの雨は止み、久しぶりに青空も見える天気になりました。あのまま順調に育っていれば雛はそろそろ巣立つ大きさになっているはずですが、二十日に熊本県に接近した台風3号の被害は、平地ではたいしたことはありませんでしたが、山地ではどうだったか気がかりです。それで訪ねてみますと、山地ではやはり風が強かったようで、枯れ木が倒れて遊歩道を遮《さえぎ》り、吹きちぎられた木の葉や小枝が遊歩道一面に散乱していました。これではあんな揺れそうなヤマフジの蔓の上の粗雑な巣など跡形も無くなっているだろうと思いながら訪ねてみましたところ、巣は意外にも無事でした。しかし、親鳥や雛はいなくて巣は空でした。ある本によると、雛は約半月で巣立つとのことですので、警戒して少し早めに巣立ったの

抱雛する雄親　1978年6月14日　菊池渓谷で

でしょう。そう信じたいです。

なお、それから五年後の昭和五十八年（一九八三）五月八日にも同じく鳥友のN氏と菊池渓谷で探鳥（バードウォッチング）中に、これらの地より上流域の清水谷右岸の海抜約八〇〇メートル地点のやはりヤマフジの茂みでアオバトの巣を見つけました。巣には雄が就いていて、最初の巣の場合と同様に、近くで見ていても造り物のようにじっとしていました。なかなか発見できなかったアオバトの巣も一度見つけてしまうと後はそうでもないようです。営巣木については従来は落葉広葉樹とだけあって樹木の種類まで具体的に記したものは見当たりませんでしたが、菊地渓谷での三つの巣はどれもヤマフジでして、今後の営巣確認には参考になるのではないかと思っています。

ハト類の塩分摂取

小鳥の飼育では塩分は禁物と古くから言われてきています。しかし、伝書鳩（ドバトの品種）の飼育では塩を混ぜた赤土（塩土）が古くから与えられています。また、アオバトは果実食で、多く含まれているカリウムによってナトリウム分が排泄されて不足しますので海水を飲むこともよく知られています。塩分は、鳥類も含め、動物の生命維持には不可欠な要素です。

人の血液中には約〇・九パーセントの塩分が含まれています。これは生命が遠い昔に海で誕生した当時の海水の塩分濃度にほぼ等しいとみられています。陸生動物の多くは、この生命維持に必要な塩分は食物から摂取しています。とりわけ肉食性の動物は獲物の血液からこの塩分を得ています。しかし、草食性の動物は植物からだけでは必要な塩分量が得難いので内陸部に棲んでいる草食性の動物の中には、塩分が特に多く含まれている土や岩を食べたり舐めたりして補給しています。そのような場所を塩場（salt lick）と呼んでいます。ちなみに海水中の塩分もその大本は陸上の岩石に含まれていたもので、それが雨水に溶かされて海に運び込まれ、長年月の蒸発によって濃縮されたものです。現在の海水中の塩分濃度は、生命誕生当時の約四倍の三・五〜三・六パーセントですが、今後、年月を経るにつれて塩分濃度は高まっていくと予測されます。

鉱泉水を飲みに来た雄　３月

　そのような海水ですので草食性の動物の塩分補給にはもってこいです。それで海岸近くに棲んでいる草食性のシカやサル、あるいは果実食のアオバトがその飛翔力によって海岸を訪れ、海水を飲むのは至極当然でしょう。

しかし、生命維持に不可欠な塩分も、過ぎたるは猶及ばざるが如し、で過剰な摂取は、血圧を高め過ぎ、体液を濾過している腎臓を破壊して死ぬことにもなりかねません。鳥類の塩分処理は、一般にはほかの動物と同様に腎臓で行われていますが、ペンギン目《もく》やミズナギドリ目《もく》の鳥のように純然たる海鳥では採餌の際に海水も一緒に飲み込んでしまうために、余分な塩分を排出するための特別な塩腺（鼻腺）を有していて、上嘴基部にある管状の独特な鼻孔から濃縮した塩水を勢いよく噴出しています。

なお、余談になりますが、海亀類が産卵の際に粘っこそうな涙を流しているのをテレビの動物番組などで目にしますが、あれも実は体内に取り込んだ余分な塩分を塩腺で濾過して排出しているのです。

〈毒鴆〉

毒鳥としては古くから鴆《ちん》が知られていて羽に毒があるとされています。『本草綱目』（李時珍・一五七八年）によると、鴆はフクロウに似ているが、紫黒色で嘴が赤く、頸が二〇《セン》《チ》余《メー》《トル》りある鳥で、南方の山地に生息していて毒蛇を食べ、その毒を羽に蓄積しているとか。つい北原白秋の童謡「赤い鳥　小鳥　なぜなぜ赤い　赤い実食べた……」が思い起こされます。鳥には赤や黄色などのカロチノイド系の色素は体内で生成できませんので植物から食物として取り入れなければならず、この童謡は科学的根拠によっているようで、鳥が食物から取り入れた毒素や色素は羽毛に蓄積し易いのかもしれません。増島固の『鴆志』によると、鴆の毒（鴆毒）はなんでもかつては暗殺（鴆殺）に用いられていたそうで、酒に鴆の羽を浸して飲ませていたとか。『本草綱目啓蒙』（小野蘭山・一八〇三年）では、鴆はクジャクのことだとしていますが、今日でいう何の鳥のことかいまひとつはっきりしません。

毒鳥は、今日までに十種余りが確認されています。しかし、どれも毒腺を有しているわけではなく、食物中の毒を体内（主に羽毛や皮膚）に蓄積させているものばかりです。特にハト類（ハト科の鳥）に多くて四種が確認されています。モーリシャス島産のモーリシャスバト *Columba mayeri* は有毒なサボテン（スティリンギア属）の果実が毒の供給源になっており、オーストラリア西部産のニジハバト *Phaps chalcoptera* やチャノドニジハバト *P. elegans* は有毒なボックス・ポイズン・プラント（ガストロロビウム・ビローブム）の種子、アフリカ産のオリーブバト（ブドウバト）*Columba arquatrix* はマキ属の一種の果実がそれぞれ毒の供給源になっています。

ちなみにハト類以外の毒鳥にはニューギニア島産のヒタキ科モズビタキ亜科のズグロモリモズ・カワリモリモズ・サビイロモリモズ、それに高地に生息するズアオチメドリ、メ

ニジハバト『オーストラリアの鳥』ケン・ステプネル写真より

オリーブバト（ブドウバト）『アフリカの鳥類図鑑』プリントン社より

キシコ産のベニアメリカムシクイ、ヨーロッパ産のウズラとエゾライチョウ、北アメリカ産のエリマキライチョウ、アフリカ産のツメバガン、それに既に絶滅した北アメリカ南部産だったカロライナインコなどが知られています。

Ⅲ ドバト

ドバトとは

野生のカワラバト *Columba livia* を家禽化したもので多くの品種があります。それら多くの品種を総称してドバト *C. l. var. domestica* と呼んでいます。カワラバトは全長三三センチメートルで、キジバトより少し大きく、全体が青みを帯びた灰色で、翼に二条、尾羽の先端部に一条の黒帯があり、腰は白く、ドバトの「にびき（二引き?）」と呼ばれているものが原種のカワラバトの羽毛とそっくりです。しかし、日本にはカワラバトそのものは分布していません。なお、明治十一年（一八七八）にイギリス人のブラキストンとブライエルが作成した日本産鳥類目録にはカワラバトが記載されており、日本の鳥類学者の松平頼孝も江ノ島の洞窟にカワラバトがいると報告していますが、現在では、これらはドバトが野生化したものとされています。

カワラバトは、ユーラシア大陸の中部以西及びアフリカ大陸北部の温帯域に分布していて、主に種子食で、岩棚に営巣しています。英名はRock Dove（岩鳩の意）で、エジプトではナイル川両岸の断崖でも特に滝の近くに多く、カナリー諸島のランザロート島では噴煙をものともせず火口内壁に営巣しており、一方、南アジアでは市街地の回教寺院や教会堂などの建築物にも営巣しています。

カワラバトの家禽化の歴史は古く、イランのテラ・コッタ（陶器）やメソポタミアの絵などから紀元前四五〇〇年までさかのぼることができます。エジプトでは第五王朝期（紀元前二五八〇―二四二〇年）には鳩櫓が建てられていて、ドバトが供物として捧《ささ》げられる場面が浮彫や絵に見出されることから、当時は食用にするためだったようです。現在でもエジプトの鳩料理は有名で、食用鳩の飼育が盛んだとか。

聖書レビ記の律法には、贖罪《しょくざい》の献物《けんもつ》や燔祭《はんさい》（神に献げる焼いた生け贄）にする仔羊や仔山羊が調達できない貧しい者は、身近に沢山いるコキジバト一番かドバトの雛を代用として捧げてもよいとあります。鳩は一生を番で過ごすと信じられていて純潔の象徴と見做されていましたので神への献物に相応しいとされていたのでしょう。

また、他方では紀元前十数世紀のファラオ時代の神殿の壁画や記念碑には戴冠式や凱旋行列などでドバト（伝書鳩？）を放つ光景も描かれています。

カワラバトの品種改良は、その後も世界各地で進められました。殊に十七世紀には盛んで、食用のほかにも通信用や愛玩用にも品種改良され、二百とも五百以上ともいわれる多くの品種が創出されました。生物進化論で有名なチャールズ・ダーウィンは、カワラバトの品種改良に注目して、自らドバト（イエバト）の多くの品種を二〇年間も飼育し、また、ロンドンにある二つの鳩同好会にも入会して、歴史的な名著『種の起源』（一八五九年）の第一章「飼育栽培のもとでの変異」に人為選択の主要事例としてドバト（イエバト）についてかなりの頁を費やし

カワラバト（ヨルダン）

白鳩（ドバトのアルビノ）と原種のカワラバトの羽色に近いドバト（手前） 10月

ドバトの羽毛は千差万別で同じものはいない。熊本市の下江津湖畔で 1月

ています。現在いる家禽化された鳩の飼養品種の大多数はカワラバトを原種としています。

日本への移入

ドバトが日本に移入されたのは、大和時代の三九一年に朝鮮半島に出兵して百済・新羅を征服した際に持ち帰ったのが最初とされています。『続日本紀《しょくにほんぎ》』の文武天皇紀三年（六九九）三月九日の条には河内の国（現・大阪府）の犬飼広麻呂が朝廷に「献白鳩」という記述があることから、白い鳩が愛玩用として珍重されていたようです。

ハト科の鳥類は、奈良時代までは種類分けされることなく、ハト（波斗・鴿・鳩）と総称されていました。しかし、平安時代になるとドバトは「いへばと（鴿）」と呼ばれるようになりました。『延喜式』（九六七年施行）には、白鳩は、白雀や白鳥、白雉などとともに中瑞とされています。『源氏物語』の「夕顔」の巻には「竹の中に家ばとといふ鳥のふつゝかに鳴くをきゝ給て」という一節がありますが、この「家ばと」はドバトではなく、キジバトあたりではないかと推察されます。

室町時代になると、寺院の塔によく巣くうことから「たうばと（塔鳩）」とも呼ばれ、安土・桃山時代には「だうばと（堂鳩）」とも呼ばれ、江戸時代中期にはドバト（土鳩）とも呼ばれるようになり今日に至っています。

本書ではこれら多くのドバトの品種のうちで、人の飼育管理下を離れて、神社や仏閣、あるいはコンクリートビルなどに巣くって自活しているものを主に扱っていて、鳩レースで迷って野良鳩となった伝書鳩（レース鳩）なども含めています。羽色は、灰色系、白色系、褐色系、それにそれらの混合型と千差万別で、同じものは二つと無いといえるほど一羽ごとにみな違っています。

籠抜けして定着か？

日本へのドバトの最初の移入は、食用のためではなくて愛玩用としてだったようですが、それらが籠抜けして野生化し、社寺などに巣くって、その旺盛な繁殖力によって全国に分布を広げていったようです。日本のほかでも世界各地に移入されて野生化し、現在では南北の両極地と高山帯を除くほぼ世界中に分布しています。日本では昭和二十年（一九四五）代まではその名にもなっているように主に社寺の塔や堂などに巣くっていて、その近辺だけで見かけていたように記憶しています。しかし、昭和三十年（一九五五）代後半から高度経済成長での〝岩戸景気〟で穀物の輸入量が増え、建設ラッシュで各地にコンクリートのビルが林立するようになると、種子食のドバトにとって港や穀物倉庫付近は格好の採餌場となり、コンクリートのビルは原種のカワラバト本来の営巣地の岩棚に見做して繁殖し、急増して〝ドバト公害〟とまで言われるようになりました。一年中群れていて、集団で営巣し、塒もとっています。

旺盛な繁殖力

雄は雌より体が少し大きいが、個体差もあり、羽色は一羽ごとにみな違っていて千差万別ですので、外見（外部形態）だけで雌雄を見分けるのは困難です。発情した雄は、雌を見かけると、体全体の羽毛を膨らませて背を丸め、尾羽を下げぎみに半開きにしてグルックン、グルックン…と鳴きながら上半身を上下させて雌に近づき、求愛します。しかし、雌にはまだその気が無くて逃げると、それでも雄は執拗に追いまわし、ときには乱暴に雌の頭部をつついたりすることさえあります。雌雄の気が合うと、体を寄せ合って嘴で相手の頭部の羽毛を整え合ったりします。そのうちに気分が高まると雌は嘴を雄の嘴内に雛が親鳥に餌をせがむときのように差し入れます。そして、その後、雌が背をかがめて翼を半開きの姿勢をとりますと、雄はすかさず雌の背に乗って交尾となります。

巣は、先述のキジバトのと同様に粗雑で、枯れた草本の茎や葉、小枝などで浅い皿形に造りますが、キジバトのように樹枝上に営巣することはありません。ただ、社寺などの巨樹の大きな樹洞に営巣することはまれにあります。その多くは社寺やその楼門などの建造物のほか、橋梁やアーチ部の通気孔、あるいは高層マンションのベランダに設置されているエアコンのファンボックスの下など、平らな場所に載せるように造り、半ば集団的に営巣しています。また、極くまれには鍾乳洞内の岩棚に営巣することもあり、その事については後でまた述べることにします。繁殖での縄張（テリトリー）は巣から半径五〇センチメートルから二メートルくらいの範囲と狭いものの、侵入者がいると激しくつつきかかったり、体当たりなどして追い出そうとします。

それ以後の繁殖生態は、先述のキジバトとほとんど同じで、産卵は季節にはあまり関係が無いようで、白色無斑の卵（三九×二九ミリメートル、一八グラム）を二個、間一日を空けて産みます。抱卵は雌雄交替でし、昼間は雄、夜間は雌がし、抱卵の交替は朝は十時頃に雌から雄へ、夕方は十六時頃に雄から雌へとなされ、一七―一八日で孵化します。ドバトのこのような産卵や抱卵の習性は、既に古代ギリシャ時代から知られていて、二三〇〇年前のアリストテレスの『動物誌』の第六巻第四章「鳩の産卵習性」に記されています。これには卵は通常、雄と雌で、雄の卵を先に産むとありますが、この件については必ずしもそうではないようです。

孵化したばかりの雛は、全身が黄色みを帯びた細く縮れぎみの粗い幼綿羽に覆われていて、眼はまだ開いていません。雛は最初のうちはハト類独特のいわゆる鳩乳（ピジョンミルク）で育

雌（左）に求愛する雄（右）　4月

雄が雌の背に乗り交尾　5月

雄（手前）の嘴内に雌（後方）が嘴を入れる　5月

巣を出る雄　5月

鉄橋に半ば集団的に営業　6月

巣穴の下で憩う番　5月

巣を出る雄　5月

（写真はいずれも白川に架かる薄場橋で）

てられ、日を経ると嗉嚢で軟らかくした穀物などを与え、そして最後には硬いままの穀物などに替えていき、一か月くらいで巣立ちます。

飼育されている伝書鳩（ドバトの一品種）での巣立ちまでの期間は二〇日間くらいと短くなっています。雛が巣立つと、雌はすぐその後の産卵をし、伝書鳩では一年に三―六回も繁殖が可能だとか。ちなみに飼育下での平均寿命は九年で、なかには一五年以上生きるものもいるとか。

樹洞に営巣

九州新幹線熊本駅のすぐ北側、春日一丁目に、熊本県の木、楠の緑にすっぽり覆われた北岡神社があります。現在地に鎮座したのは正保四年（一六四七）ですが、朱雀天皇の承平三年（九三三）から五年の頃に京都の祇園《ぎおん》社（現在の八坂神社）を勧請したのがはじまりということですので、実に千年有余もの歴史がある由緒正しい神社です。

石鳥居の両脇には御神木の巨大な夫婦楠《めおとくす》があり、石段を上がると朱塗りの楼門が楠の緑に映えてより鮮やかに建っています。石鳥居のすぐ前には幅員三〇メートル、四車線の都市計画道路「春日池上線」が通っていますが、それが開通する平成二十三年（二〇一一）以前には一帯は北岡

楠の樹洞に営巣　1983年7月3日　北岡神社で

神社の境内で、熊本市電の路面脇から現在ある石鳥居まで石畳の参道が長く続いていて境内にはドバトが多数群れていました。そして楼門などは格好の営巣場所として半ば集団的に営巣していましたし、夫婦楠の正面に向かって左側の雌楠《めぐす》の上部にある大きな樹洞などにまで営巣していて野生味ある光景も見られていました。しかし、現在では神社境内の大半が道路になってしまい、それに加えて周辺の環境も一変し、ドバトも激減してしまいました。鳥好きの者としては少々寂しく思っています。

鍾乳洞内に巣くう

熊本県の南部を西流して八代海（不知火海）に注いでいる球磨川は、日本三急流の一つにされています。その急流、球磨川の中流域、球磨郡球磨村神瀬には、球磨川に面して大きく開口した鍾乳洞（石灰洞）があります。そのすぐ前面には国道219号が通っており、対岸（左岸）にはJR肥薩線の白石駅《しろいし》もあって交通の便も良い場所です。この一帯は、地質学上では秩父帯に属していて、古生代の神瀬層群中にあり、白い石灰岩層が広く分布していて山腹の至る所に露出しています。白石駅の「白石」は石灰岩のことで、鍾乳洞も石灰岩が雨水に長年月かけて溶かされてできた洞窟です。この鍾乳洞（石灰洞）は、地元では〝岩戸《いわど》〟と呼ばれて親しまれており、橘《たちばな》南谿の『西遊記』でも紹介されています。

洞の入口は、横幅が四〇《メートル》もあり、高さも一七《メートル》ほどあって洞口の大きさは日本一だとかで、昭和三十七年（一九六二）八月七日に「神瀬の石灰洞窟」として熊本県の天然記念物に指定されています。奥行きは六〇《メートル》ほどで、全体は四半球形のドーム状の横穴で、下は平たくて奥には地下三〇《メートル》に地下水が溜まった池があります。一帯は熊野座神社の境内になっていて、洞内は洞口が広いので想像以上に明るく、洞内の向かって左隅（西側）には社殿が建っています。

この岩戸（鍾乳洞、石灰洞）は、鳥類の関係者にはイワツバメ（地元ではもっぱら一足鳥《いっそくちょう》と呼んでいる）の集団繁殖地として、また越冬地として古くから全国的に知られています。なお、洞内にはイワツバメほどは目立ちませんが数番のドバトも巣くっています。しかし、ドバトに関心を寄せる人はほとんどいないようです。原種のカワラバトの原産地での生息状況が彷彿とさ

鍾乳洞に巣くう
（写真は上下とも 2017 年 5 月 22 日
熊本県球磨郡球磨村神瀬で）

れる野生味あふれる生き生きした生態に興味をもった私は、前面の国道219号を通るたびにたち寄っては目を楽しませてもらっています。先達の鳥類学者の中には、このような環境にいるドバトを見て、原種のカワラバトと見誤られたようです。

ドバト公害

「ポッポッポ　鳩ポッポ　豆が欲しいか　そらやるぞ　みんなで仲良く食べに来い」

ドバトは、豆類をはじめとする種子食で、いろんな種子のほかにも果実や葉、芽なども採餌しています。採餌には、優れた飛翔力でかなり遠くまで出かけます。一日の活動開始はキジバトより三〇分から一時間くらい遅く、終了は逆に早く塒につきます。春には畑や休耕地で、夏には田んぼ周辺、秋には刈田、冬には刈田や、九州などでは二番穂が実った田などで採餌しているのをよく見かけます。殊に秋から冬にかけては数百羽もの群れも見られます。大群での採餌では豆類や稲、飼料作物、野菜などでの食害が問題になることもあり、特に播種期から発芽期にかけての被害が大きいとか。

ドバトの害は、農作物の食害のほかにも、建造物での糞害も問題になっていて〝ドバト公害〟などとも呼ばれています。ドバトの糞は、神社仏閣やマンションなどの美観を損なうだけ

白川左岸の河川敷で　5月

手前の1羽はキジバト　熊本市の花岡山で　3月

稲穂を啄む　9月

掛け干しの稲穂を啄む　11月

稲の二番穂を啄む　3月

籾殻を漁る　3月

クヌギ（ブナ科）での集団採餌　3月

ムクノキ（ニレ科）の核果を啄む　12月

水に嘴をつけたままで飲む　5月

川で水浴び　3月

日光浴　7月

でなく、オウム病[※1]（鳥病）や肺クリプトコッカス症[※2]（外因性真菌症）などの発生源になるなどの衛生面上の問題もあります。それで、ドバトは、昭和三十七年（一九六二）から有害鳥と認定されて駆除されています。

※1オウム病（鳥病）は、オルニトシスウイルスによっていて、ハトを宿主として媒介し、人間に感染することもあり、発熱し、一週間後頃から咳や痰が出て肺炎様の症状が出ます。

※2肺クリプトコッカス症（外因性真菌症）は、肺の初感染病変は無症状で、完治することが多く、髄膜炎を起こしてから初めてこの病気と診断される場合があります。

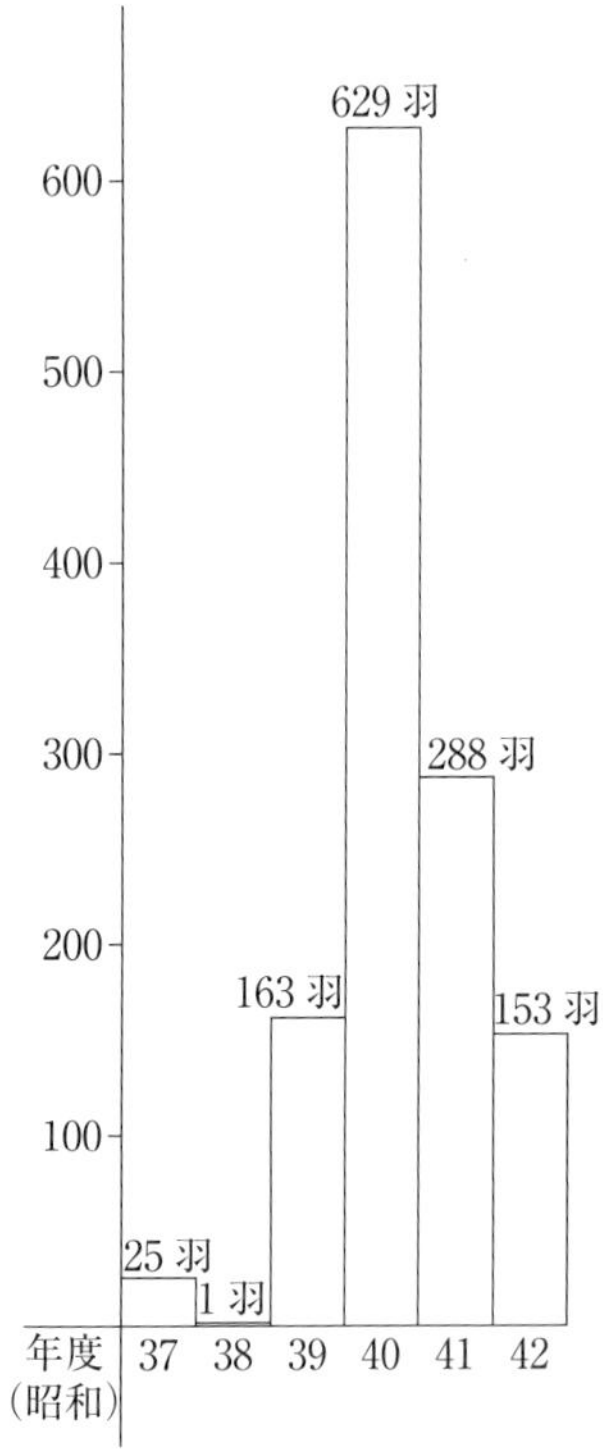

ドバトの年度（昭和）別駆除数
（農林大臣の許可）
（林野庁の『鳥獣行政のあゆみ』より作成）

体育館のドバト対策

私が以前に勤務していた熊本市西区にある河内中学校でもドバト害に悩まされていました。校舎はかなり時代を経た木造の二階建てでしたが、体育館は新しくて鉄筋コンクリート造りの二階建てで、その二階フロアに完成（一九六八年）後間もなくからドバトが何羽も棲みついて、まるで大きな鳩舎同然の状態になり、糞や抜け落ちた羽毛で館内が不潔になることから、締め出す工事がされました。屋根と外壁との隙間を塞ぎ、窓の内側にはビニール製の緑色の網が張り巡らされました。

しかし、それでもよほど居心地が良くて気に入っているのか、どこからか出入りしていますので、昭和六十年（一九八五）にはとうとう体育館の外壁全面を網ですっぽり覆い尽くす大規模な工事を施すことになりました。

伝書鳩

カワラバトの優れた帰巣性と長距離飛翔力に着目して通信用に品種改良したドバトの一品種で、翼は長くて胸筋が発達していて胸部は幅広で厚みがあり、眼は鋭く、嘴は短くて基部の鼻

（ブルガリア）

伝書鳩（ハンガリー）

（オートボルタ共和国〈アフリカ〉）

孔を覆う蠟膜の膨らみは大きく、足は細めです。また、脳の記憶に関連する海馬や匂いを感知する嗅球の発達が認められています。リエージュのものとアントワープのものを交雑させたベルギーの品種が代表的で有名です。

　エジプトでは古くから漁師が漁況を漁船から港に知らせるための通信手段として使っていて、この通信方法はフェニキアやキプロス島、更には地中海沿岸一帯へと広まっていきました。また、古代オリンピック（紀元前七七六年開始）では競技の結果を各都市が入手する手段としても使っていました。イスラム教の開祖マホメットは伝書鳩が好きで自ら熱心に飼育していたとか。時代は下りますが、シェークスピアの時代（十六世紀末―十七世紀初）には手紙のやり取りに伝書鳩を使うのはかなり一般的だったようです。

また、軍隊でも古くから通信用に使っていて、ローマ帝国軍は進軍の際は進軍先に鳩舎を設けて戦況を逐一報告していたとか。近代では普仏戦争（一八七〇―一八七一年）でパリ籠城軍は伝書鳩三六〇羽以上を使って一〇万通の公文書と一〇〇万通もの私文書を運んだとか。それ以降、フランスでは伝書鳩の飼育と品種改良が盛んになり、優秀な品種が数多く創出されました。伝書鳩の品種改良はベルギーやオランダなどでも盛んで、一九世紀にはヨーロッパ各地で行われました。第二次世界大戦ではイギリスからヨーロッパ本土への爆撃機に搭載して各地のレジスタントにパラシュートで進軍した際に得た情報を送らせたり、不幸にして不時着した場合などには救助を求めて放つなど多様な用途が工夫されて重宝され軍用鳩とも呼ばれていました。軍隊のほかにも通信用に古くから利用されていて、イギリスの新聞社「タイムズ」やロイター通信社などでは一八四〇年代頃から、日本でも東京朝日新聞社が一八九〇年代から通信用に利用していました。

▼日本での活用

日本での伝書鳩の活用は、江戸時代中期には既に行われていたようです。天明三年（一七八三）三月四日付の触書によると、大阪の米穀商が堂島の米相場を伝書鳩を使って飛脚より早く知って抜け商いをする者がいるということで、これを禁止しています。このことが日本での伝書鳩活用の最初とされています。時代は下り、大正十二年（一九二三）の関東大震災の際には各地の被害状況をいち早く伝えて大活躍したとか。

日本での軍隊への伝書鳩の導入は遅く、十九世紀も終わりに近い、日清戦争（一八九四年）の少し前に、陸軍が伝書鳩活用の先進国フランスから技術者を招聘して技術の習得に努め本格化したのは第一次世界大戦後で、日中戦争（一九三七年）の初期には軍隊の通信用に多用されました。しかし、太平洋戦争開始（一九四一年）以降は通信技術の発達により軍隊での伝書鳩の活躍の場は無くなりました。

しかし、新聞社などでは戦後もしばらくは伝書鳩を通信用に使っていました。私が中学生の頃には自宅から一〇〇メートルばかりの所に新聞社（朝日？）の民家同然の通信局があって玄関脇の鳩舎で伝書鳩が数羽飼われていて、よく見に行ったもので、当時私も伝書鳩を飼っていて羨ましく思ったのを覚えています。通信文や撮影済みのフィルムなどを入れる通信管（信書管）はアルミニウム製の小さなもので、脚のほか背中に装着されることもありました。なんでもその総重量は体重の百分の一程度の四—五《グラム》までが適当だとかで、七—八《グラム》までは運べるとのことでした。一九五〇年代になると通信機器が発達し普及したため伝書鳩の通信用としての実用性は無くなってしまいました。

▼レース鳩に転身

通信機器の発達、普及によって通信用としては用済みになった伝書鳩は、その後は趣味人の競技用として飼育されることになり、レース鳩とも呼ばれています。鳩レースとは鳩舎への帰還の早さを競うもので、その歴史はかなり古くて、一八一一年にベルギーのリエージュ地区で開催された競技会が世界で最初だとか、優秀なレース鳩は翼の筋肉が体重の三二《パーセント》もあって、一〇〇〇《キロメートル》を一日以内で帰還するとか。日本では一九三五年に奈良—京都間で初めて行われ、現在は日本伝書鳩協会や日本鳩レース協会による一〇〇〜一五〇〇《キロメートル》までの各種のレースが行われています。なんでもヨーロッパやアメリカでは二〇〇〇《キロメートル》もの長距離レースも行われているとか。高度一〇〇〇《メートル》を平均時速六〇—七〇《キロメートル》で飛び、追い風では時速一五〇《キロメートル》台になることもあるとか。

飛翔方向の定位には、近距離では地形や建造物などの記憶によっているとみられています。アメリカの心理学者ハーンシュタイン博士は、レース鳩の視覚認知能力がどれほどのものであるかを調べようと、レース鳩に何百枚ものスライドを見せて、その中に人が写っているかどうかを区別させる実験をしたところ正確に見分けたそうです。それでは絵でも区別できるのではないかと考えた慶応義塾大学の渡辺茂教授は、ピカソの絵とモネの絵、更にゴッホとシャガールの絵を用いて実験したところ、ほとんど間違いなく見分けたそうです。レース鳩と人の脳とでは構造はかなり違っていますが、レース鳩はいろんな視覚情報を総合的に判断して見かけ上は人と同じように絵画まで見分けられることが分かっています。

なお、遠距離での方位の定位には太陽を目印にし、悪天候で太陽が見えない時には人には見えない紫外線や地磁気を使ってのコンパス航法などによっていることが知られています。

孔雀鳩

愛玩用に品種改良されたドバトの一品種で、全身が白くて尾羽が長く、原種のカワラバトの一二枚に対して二〇枚以上もあって、しかも扇形に開いており、頭部を後方に反らせて胸を張っている姿がクジャク（孔雀）に似ていることからその名が付いています。十六世紀以前にインドで創出されたようで、主にイギリスで品種改良されました。
日本には江戸時代中期に愛玩用として輸入されました。江戸時代最大の図説百科事典『和漢三才図会』には、尾羽が二四枚あると記されています。昭和二十三年（一九四八）発行の穴無し五円黄銅貨には孔雀鳩と梅花がデザインされています。

天敵

▼つきまとうハシブトガラス

熊本の市街地に林立するコンクリートビルのベランダや、白川に架かる橋の橋梁上やアーチ部分の穴などにはドバトが半ば集団的に営巣しています。ドバトのＤＮＡがきっとこれらの場所を原種のカワラバトが営巣している岸壁の凹みや割れ目に見立てているのでしょう。これらドバトの営巣場所をハシブトガラスが点検でもするように見てまわっているのをよく見かけます。

九州新幹線熊本駅の白川口を出てそのまま真っ直ぐ約三〇〇《メートル》ほど行くと白川橋があり、この橋梁やアーチ部分の穴にもドバトが半ば集団的に営巣していて、ハシブトガラスのたぶん同じ番が、毎日、午前と午後のほぼ決まった時間帯にやって来て、ドバトの卵や雛を探し、ときには卵や雛をくわえ去っています。

ドバトは種子食で、独特の鳩乳（ピジョンミルク）で雛を育てるためほとんど一年中繁殖していています。また、卵が失われるとすぐまた産み足して補充しますので、ハシブトガラスにはこの上なく好都合で、いったん味を占めたハシブトガラスは格好の食糧調達場所として見守るように何度でも訪れているのです。それにしてもドバトは大勢いるのに一方的にやられるだけで対抗意識は無いのでしょうか。

▼ハシブトガラスに解体される

平成三年（一九九一）三月二十九日、熊本県北部の玉名郡（現・玉名市）岱明町を自家用車で通っていると、平屋建て人家の瓦屋根の棟で一羽のハシブトガラスが何やら大きい物をしきりに啄んでいるのが目に留まりました。啄んでいるのは何かを確認しようと道路脇に車を寄せ双眼鏡を取り出していますと、車が止まったのを警戒して気をとられ、それで押さえていた足の力が緩んだのか、啄んでいた物が転がり落ち始めました。すぐ取り押さえようとしたものの雨樋まで落ちてひっかかってやっと止まりました。すぐフワーッと滑翔してやって来ましたが、どうも足場が悪いようで、傾斜した軒先瓦の端に下向きに止まるという不安定な姿勢で再び啄み始めました。啄んでいるのはドバトのようで、しきりに何かをしていますが食べているふうではありません。そのうち体内から丸く赤い梅干し大の塊を取り出しました。心臓にしては大きく、どうやら砂嚢のようです。と、その赤い塊をなんと再び体内に押し戻そうとしています。と、今度はとうとう残りの死体は地上まで落ちてしまいました。しかし、赤い塊はしっかりとくわえていて、すぐ後を追うかと思ったら、飛び立つと滑翔して、なんと車の前方七―八米《メートル》先の道路上に舞い下りました。そしてヨチヨチ歩いて道路脇の資材置き場の草の茂みに向かい、そこに赤い塊を隠し始めました。そして隠し終えると飛び立ってすぐ近くの電柱の頂に止まり、嘴を上端側面に右、左と擦り付けて嘴の掃除をしました。と、どこにいたのか、連れ合いとみられるもう一羽がやって来て隣の電柱の頂に止まりました。そしてお互い二、三声鳴き交わすと申し合わせたように連れ立って飛び去って行きました。啄んでいたのはやはりドバトで、原種のカワラバトに似た羽色の「にびき（二引き?）」の幼鳥でした。腹部の羽毛は大半が抜かれており、頸の付け根の上胸部に大きな穴が空けられていて、内臓の大半は抜き取られて空洞化していました。しかし、胸の筋肉などは食べられた形跡はありませんでした。そして赤い塊はやはり砂嚢で、枯れ草などで覆い隠してありました。

▼給餌場でハシボソガラスに狙われる

平成八年（一九九六）十二月一日は、今冬一番の寒気団の南下とかで朝には初雪も見られました。その日の午後、熊本市内一の観光名所、熊本城の二の丸広場には人も少なく閑散としていて、片隅で独りの老人（男性）がドバトにポップコーンを投げ与えていました。老人の周囲には二、三〇羽のドバトが取り囲むように集まっていて、その外側にはハシボソガラス五、六羽とハシブトガラス二羽も遠巻きに集まって来ていて、なんとも微笑ましい平和そうな光景でした。しばらく立ち止まって見とれていますと、ドバト集団の周縁部で突然何やら白い物が舞い上がりました。投げられたポップコーンとは確かに違っていました。何だろうと思っていると、一羽のハシボソガラスが何かをしきりに啄んでいるのが目に留まりました。よく見ると、くわえ上げた細長い物はなんとドバトの風切羽でした。

ハシボソガラスやハシブトガラスたちはドバトのおこぼれを狙っているようですが、ハシボソガラスの一羽はポップコーンには見向きもしないで、どうもドバトを狙っているようです。ドバトたちはカラスたちが近づいても、べつに飛んで逃げるふうではなく、歩いて避ける程度で、まるで鬼ごっこでもしているようで緊迫感はなさそうです。しかし、ポップコーンを拾い啄むのに熱中しているドバトを何回か襲っているうちにとうとう揉《も》み合いになって羽毛が三、四枚飛び散りました。しかし、乱れたドバトの集団はすぐまた元の状態に戻り、少し離れた場所には嘴いっぱいに羽毛をくわえたハシボソガラスが一羽つっ立っていました。ほんの一瞬の出来事で、ハシボソガラスは羽毛の塊を一旦地上に置くと、一枚ずつ吟味し始め、その度に羽毛が風に舞い散りました。結局食べられるものは何も無かったようです。

あれだけの羽毛が抜かれたのですから弱っていたり、外見からも分かりそうですが、一向に分かりません。みんな何事も無かったようにポップコーンを拾い啄むことに熱中しています。

ハト類（ハト科の鳥）の羽毛は、表面が滑り易くて、しかも抜け易くなっています。これはこのようにハシボソガラスなどの天敵に襲われた際に逃れるためのサバイバルの仕組みで、トカゲが天敵に襲われた際に尾の先端部だけを切り残して逃げるのと同じです。今回はドバトそのものを捕らえるまでには至りませんでしたが、成功することもあり、その事についてはまた後で述べることにします。公園の広場などでドバトが人手から餌をもらいに集まっている光景は一見平和そうに見えますが、そこにも食う、食われるの弱肉強食の自然界の掟があって野生に生きることの厳しさを再認識させられ、慄然としました。

▼稲田でハシボソガラスに襲われる

新米を待ちわびているのは人だけではないようで、黄金色に色づいた稲田には人より先に種子食のスズメやドバト、キジバト、それにハシボソガラスなども集まって来て、稲田はこれらの鳥たちで急に活気づきます。スズメは体が小さくて軽いので稲の茎に直接止まって稲穂を啄めますが、ドバトやキジバト、ハシボソガラスなどは体が大きくて重いのでスズメのようなわけにはいかず、稲田の周縁部で地上から垂れ下がった稲穂を背伸びしたり、跳びついたりして啄んでいます。それで道路脇の稲田などはドバトやキジバト、ハシボソガラスなどにとっては格好の採餌場となっています。

熊本市南部の郊外にある職場に勤務していたときには、朝は通勤ラッシュの時間帯を避けて三〇分ほど早めに家を出て、その分は始業前に職場周辺の田園地帯で散策していましたが、実りの時季になると、朝の通勤時間帯の自動車の往来を気にするふうでもなく、ドバトやキジバトが何羽も道路端に横一列に並んで稲穂を啄んでいるのをよく見かけました。そのような場所にはたいていハシボソガラスも何羽か一緒にいました。何種類もの野鳥が集まって一斉に稲穂を啄んでいる光景は、生産された農家の人には悪いが、一見活気があって平和そうに見えました。

しかし、稲穂の方ばかり向いて啄むのに熱中していると危険です。それは背後からハシボソガラスが襲って来るかもしれないからで、ちょっとした油断が命取りにもなりかねないからです。実際にハシボソガラスがドバトを襲っているのや捕食しているのを何度も見かけ、写真も撮っています。黒っぽいドバトより白っぽいドバトの方が襲われやすいようです。それは単に目立つからでしょうか、それともハシボソガラスには自分と同じように黒っぽいものには何か特別な思い入れでもあるのでしょうか。

▼ハイタカに急襲される

刈られた稲穂が掛け干しされているセピア色の刈田で、同色系のスズメや、多様な羽色のドバトたちが集団で採餌している光景は、かつては農作業が一段落した秋の田園でののどかな風物詩でした。しかし、近年は農業の機械化でコンバインで稲刈りと脱穀を同時に済ませることが多くなって、そのようなかつての光景はあまり見られなくなりました。

しかし、熊本市西部の池上小学校周辺の田園ではまだそのような昔ながらの光景が見られていました。平成七年（一九九五）十二月七日の、のどかな昼下がりにそんな光景を私はペンをしばし休めて二階の窓から何気なくぼんやりと眺めていました。すると、突然黒っぽいバレーボール大の何かが落下したと思いきや、今まで眼下の刈田で採餌していたドバトの群れがバタバタと羽音を立てて飛び散りました。何事が起きたのだろうと、ドバトたちが飛び去った辺りを見ると、なんとハイタカ（雌の成鳥）が白っぽいドバトをとり押えていました。

こんなこともあろうかと自家用車には常時カメラなども搭載していますので、すぐ駐車場へ駆け下りました。そしてカメラに六〇〇ミリの望遠レンズを装着して三脚に据え付けると、警戒して飛び去られないように十分注意しながら身をかがめて静かに少しずつゆっくり近づきながら撮影しました。ハイタカはよほど空腹だったのか、すぐ飛び去るふうでもなく、最短では二〇メートルくらいから撮影できました。つい、中学生の頃に伝書鳩（ドバトの一品種）を飼っていて、ハイタカがやって来るとパニック状態になって四散し、鳩舎に帰って来なくなったものもいてハイタカを憎く思っていたことを思い出しました。

▼ハヤブサに狩られ、ハシボソガラスに食べられる

平成十四年（二〇〇二）十二月二十六日の昼休みもいつものように職場の同僚と二人で熊本市南部の田園地帯にある職場周辺を散歩していますと、道路沿いの電線にミヤマガラスの大群が止まっていて、その上空を一羽のハヤブサが数羽のミヤマガラスに執拗に追い回されていました。ハヤブサはミヤマガラスなどよりはるかに速く飛べるのに何故ふり切って飛び去らないのか、その理由を知りたくてしばらく見ていますと、どこに潜んでいたのか乾田から突然ドバトが一羽ヒラヒラと力なさそうに飛び立ち、それをすかさずハヤブサがもの凄いスピードで急降下して体当たりしたかと思ったらパッと羽毛が散ってドバトは力なく羽ばたいて落下しました。ハヤブサもすぐその後を追って着地しましたので着地点をしっかり見定めてその場に急行しますと、ハヤブサはすぐにドバトの羽毛をむしり散らして解体に取りかかっていました。すると、これまでどこにいたのか数羽のハシボソガラスが私とほとんど同時にその場にやって来ました。するとハヤブサはまだほとんど食べていないのにあっさりと飛び去って行きました。

「大勢の烏には鷹もかなわぬ」と言われているとおり、たぶん多勢に無勢ではとうてい勝てな

いと断念したのでしょう。ふとテレビの動物番組で見た、アフリカの草原でチーターがやっと仕留めたトムソンガゼルを狩りを見守っていたハイエナの群れにすぐ横取りされてしまった場面が思い出されて、重なって見えました。ハヤブサにもせっかく仕留めた獲物への未練はあったはずで、さぞ残念なことだったでしょう。

▼ハヤブサの格好の餌食にされる

平成二十年（二〇〇八）も前年と同じ採石場の岩棚にハヤブサが営巣しました。ただ前年と異なるのは地元某テレビの取材班が、巣内や獲物の解体場所を上方から良く見渡せる格好の観察場所を探し当ててくれましたので繁殖の様子を観察するには好都合となったことです。ハヤブサが営巣している採石場の断崖は、上方から見ると片仮名のコの字形をしていて、営巣しているのは縦線に当たる奥の断崖のほぼ中央部で、獲物を解体している場所は断崖入口の端に少し突き出た岩上にあります。ハヤブサは、獲物が鳥ですと、断崖入口の決まった岩上で羽毛を抜き取って丸裸にしてから巣へ運び込んでいます。有明海に面した採石場一帯では常に風があって、抜かれた羽毛はすぐ跡形もなく吹き飛ばされてしまいますが、足環などは岩上の凹みに残っています。岩上の凹みに残っているアルミニウム製の足環から伝書鳩（レース鳩）も餌食にされたことが分かりますが、四月二十一日の正午少し前にはアルミニウム製の足環が装着さ

ハシブトガラスの雛を好奇の目で見るドバト。1986 年 5 月 25 日熊本県下益城郡富合町の JR 鹿児島本線の緑川鉄橋で

ドバトの卵や雛を狙ってやって来たハシブトガラス 2000 年 4 月 16 日　熊本市の白川に架かる薄場橋で

ドバトを捕食するハシボソガラス（幼鳥） 2002 年 9 月 10 日　熊本市東区画図町で

ドバトを襲うハシボソガラス　1997 年 1 月 15 日熊本城二の丸広場で

ハイタカ（雌）に捕食されるドバト　1995 年 12 月 7 日　熊本市池上町で

ハヤブサに捕られた伝書鳩（足環が付いている）　2008 年 4 月 21 日　熊本市松尾町で

れている白っぽい伝書鳩（レース鳩）を足に摑んで実際に運んで来ました。そして例の岩上で一息つくとすぐ羽毛を抜き始めましたが、頭部は既に切断されて無くなっていました。解体の詳細はともかく、なんでも一〇〇〇キロメートル《キロメートル》以上の鳩レースでは二割帰還すれば良いほうだとかで、帰還できなかったものの哀れな末路の一端を垣間見たようで複雑な気持ちになりました。

高速飛翔用に品種改良された伝書鳩（レース鳩）でさえハヤブサの餌食にされるのですから野良化したドバトなどは先述のように格好の獲物でしょう。暖かい南国九州では早稲の収穫後の切り株から蘖《ひこばえ》が芽吹《めぶ》いて二番穂が出ますが、実入りが少ないのでほとんど収穫されずに放置されています。この放置された二番穂は、種子食のドバトなどにとっては食物が乏しくなる冬季の貴重な食物源になっていて大きな群れで啄んでいるのをよく見かけます。そしてそのようにドバトが群れている場所にはハヤブサがよくやって来て狩りをするのもよく見られます。近年ハヤブサの市街地への進出が、世界各地の都市でみられており、なんでもニューヨークでのハヤブサの生息密度は世界一だとかで、それは主に豊富にいるドバトを獲物にしているからだとか。日本でも今後、市街地近郊ではドバトにとってハヤブサは最大の天敵になりそうです。

頸振り歩行で凝視

ドバトは飛翔力に優れ、キジバトより幅広の翼をパタパタといった感じのあまり規則的でない羽ばたきで飛び、翼をV字形に上げての滑翔（グライディング）もよく交えます。特に地上に下りる際には円を描くように旋回しながら滑翔することが多い。採餌は、樹上でもしますが、多くは地上でします。地上での採餌では上空から襲って来る大型のカラス類やタカ・ハヤブサ類などの天敵に目立ちますので細心の注意をはらう必要があります。地上での餌を探しての歩きは、人と同じように左右の足を交互に前方に出して歩いている（ウォーキング）のですが、歩きにつれて頸を前後に振っているように見える一種独特の歩きに見えます。これは餌や天敵などを良く凝視するための歩き方で、眼の上下動を極力抑えて、つまり頭部をできるだけ静止させるように、足を前方に踏み出して体の重心が移動する際に頭も突き出して片足立ちの瞬間に頸《くび》を固定しています。要するに体を前方に押し出すのと頸を固定するのを交互にやっているのが、体との関係で頸を前後に振りながらの歩きに見えているのです。

Ⅳ　いろいろなハト類

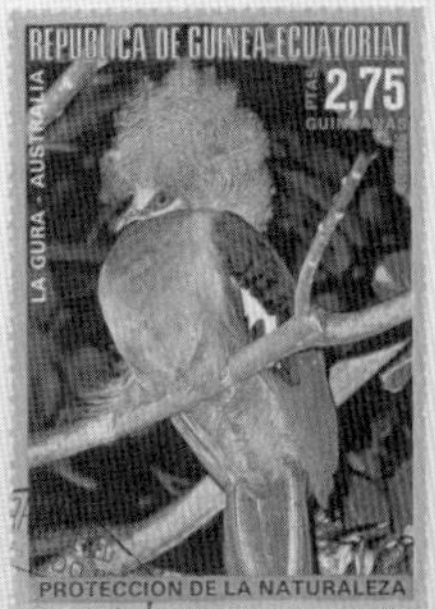

カンムリバト
（仏領ギニア共和国の
郵便切手）

カンムリバト
（インドネシアの硬貨）

シマハジロバト
（英領ヴァージン諸島の硬貨）

オウギバト
（仏領ギニア共和国の
郵便切手）

カノコバト
（ベナン〈アフリカ〉の郵便切手）

カノコバト
（ベトナムの郵便切手）

ハト類（ハト科の鳥）は、約三〇〇種いて、両極部や高山帯を除くほぼ世界中に分布しています。特に東南アジアからオーストラリアにかけての地域に種類が多く、当該地域の熱帯林で植物の種子や果実食の鳥として出現し、進化したと考えられています。出現したのは今から二五〇〇万年前の新生代新第三紀で、後期の五〇〇万年前には種類数もだいぶ多くなっていたようです。現生種は、小さいものはウスユキバトやコビトアオバトのようにスズメより少し大きいくらいのものから、大きいものではガチョウくらいもあるカンムリバトの仲間までいますが、多くは全長が二〇—五〇センチメートル大のものです。

外見（外部形態）で共通するのは、㈠頭が体の割には小さくて丸っこい、㈡嘴は比較的軟らかくて基部は肉質で厚く蠟膜《ろうまく》を成し、硬いのは先端部の膨らみぎみの角質部分だけ、㈢翼は長め（初列風切羽は一一枚）で、胸筋が発達していて胸部が膨らんでいる、㈣足は短めだが丈夫そうで地上を歩くにも木の枝に止まるのにも適している、などです。

マレーシア・サバ州で見たハト類

昭和五十三年（一九七八）の冬休みに、カリマンタン島（ボルネオ島）北部（東マレーシア）のサバ州で、十二月二十七日から一週間バードウォッチングを楽しみましたが、その間にハト類

（ハト科の鳥）は三属三種を見、うち二種は小さいながらも撮影もできました。

州都コタキナバル郊外の集落やその周辺ではカノコバト *Streptopelia chinensis* が、日本でのキジバトのような感じで普通に見られ、木の枝やバナナの葉、電線などによく止まっていて警戒心はあまり強くはなさそうでした。一見キジバトと似ていますが少し小さく全長は約一割ほど短い約三〇センチメートルで、頸の側面から後ろにかけての黒く縁取られた白くて丸い真珠のような水玉模様が目立っています。それで真珠鳩《しんじゅばと》とも呼ばれています。ちなみに英名もこの水玉模様に注目して Spotted-necked Dove となっています。尾羽はキジバトより長めで先端はやや尖りぎみに見えました。カリマンタン島（ボルネオ島）やスラウェシ島（セレベス島）をはじめとする東南アジアの島々や中国南東部からインド、スリランカにかけて分布していて、ハワイ諸島などにも移入されて定着しているとか。

キナバル山（四一〇一メートル）は、東南アジアの最高峰で、一帯はキナバル国立公園になっています。十二月三十一日（大晦日）の早朝に約一五〇〇メートルの高さにある公園管理事務所近くの高木でヤマミカドバト *Ducula badia* 一羽がウォーウォーと野太い声で鳴いているのに気づき小さいながらも撮影できました。全体が灰色っぽい、キジバトよりも一回り大きい（全長約四二センチメートル）大型の鳩で、背から尾羽にかけての上面は褐色みを帯び、喉は白くて嘴と脚、それに眼の縁は赤っぽく見えました。英名は Mountain Imperial Pigeon で、和名はその和訳によって

カノコバト　1978年12月28日　コタキナバルで

ヤマミカドバト　1978年12月31日　キナバル山で

カノコバト　1979年1月2日　コタキナバルで

います。地元マレーシアの鳥類図鑑によると、高木の上層部でイチジク類の果実を啄んでいて、警戒心が強いので姿をじっくり見るのは困難とあり、小さいながらも撮影までできたのは幸運でした。

なお、その二日前の十二月二十九日には、その近くの森林内で、ヒメオナガバト *Macropigia ruficeps* が突然、足元から飛び立って驚かされました。キジバトよりも少し小さくて全体に赤みが強く特に頭部の赤さが目立ちました。樹木の上層部ばかり見ていた際の予期せぬ出来事で、カメラは携帯していましたが撮影する余裕などなくて、その後は注意していましたが滞在中に再度見かけることはありませんでした。

ホテルのベランダにズアカアオバトが

夏休みを利用しての勤務校での職員研修旅行で沖縄を訪れたときのことです。平成二年（一九九〇）八月二十日、その日は旅の最終日で、宿泊先の那覇市内の国際通りに近い繁華街の一画にあるホテルで帰り支度をしていますと、窓のすぐ外をかなり大きい鳥が一羽飛びました。何鳥だろうと思ってそっと窓の外を見ますと、なんとすぐ目の前のベランダの柵に止まっているではありませんか。初めはドバトかと思いましたが、それにしては少し大きく、よく見るとなんと意外にもズアカアオバトの幼鳥ではありませんか。まだ巣立って間もないようで、全体が鈍くくすんだ暗緑色で、嘴だけがやけに長くて目立っています。警戒心があまりないようで手持ちのカメラで大きく撮影することができました。

ズアカアオバトは、郷里の熊本で見られる近縁のアオバトよりも少し大きく、黄色みが少なくて全体がくすんだ暗緑色をしています。また、雄の小雨覆の赤褐色も淡くて不明瞭です。頭部には赤みが無くて、その和名がピンときませんが、それは基亜種の台湾産の頭部に赤みがあることによって付けられた和名だからです。種としては台湾や日本のほかフィリピンなどにも分布していて、四つの亜種に分けられています。日本ではズアカアオバト *Treron formosae permagnus* が種子島以南の薩南諸島から沖縄島までの沖縄諸島にかけての島々に分布しています。それで江戸時代の後期から「りうきうばと」と呼ばれていて、日本鳥学会の『日本鳥類目録改訂第五版』（一九七四年）までは、頭に〝琉球〟を冠して「リュウキュウズアカアオバト」と長い和名で呼ばれていました。また、それより南方の先島諸島（宮古島・石垣島・西表島・鳩間島・竹富島・黒島・与那国島・波照間島）には小形で別の亜種チュウダイズアカアオバト *T. f. medioximus* も分布しています。

宿泊先のホテル周辺にはビルが林立していて樹木は街路樹くらいしかなくてどこで巣立ったのでしょうか。郷里の熊本では近縁のアオバトの繁殖はかなり山奥の森林まで行かないと見ら

ズアカアオバト（幼鳥）1990年8月20日　沖縄県那覇市で

れませんので沖縄島の自然の豊かさのスケールの違いを見せつけられた思いがしました。旅の最後にズアカアオバトの写真も撮れて思わぬ土産もできました。

やはりいたカラスバト

地元の熊本日日新聞（二〇〇九年八月二十七日付朝刊）の「カラスバト県内初確認」との見出しのカラー写真付きの三段囲み記事に私の目はくぎ付けになりました。カラスバトは熊本県内では未確認でしたが、いずれそのうちに確認されるだろうと思っていた鳥です。なんでも去る八月二十三日に、天草市牛深町の無人島、桑島で日本野鳥の会熊本県支部の地元の会員二人によって計六羽が確認されたとのことです。添付の写真には谷間の森林を背景に飛んでいるという一羽が写っていますが小さくてピントもあまく不鮮明です。しかしカラスバトには間違いないようです。

カラスバトは、本州中部から沖縄にかけての、主に常緑広葉樹林に覆われた島嶼で生息が知られています。熊本県の近くでは、長崎県の五島列島や鹿児島県の甑島列島での生息が既に知られていますので、その中間にあって、大小多くの島嶼からなる天草諸島にもきっとどこかに生息しているだろうと思っていました。天草諸島の鳥類相はまだよく分かっておらず、昭和四十六年（一九七二）に熊本県からの委託で、熊本野鳥の会が一年間かけて調査したときも、カラスバトの生息確認には努めましたが確認できませんでしたので、新聞の記事を感慨深く読みました。カラスバトが確認された桑島は、天草下島の西方、対馬暖流が北上している天草灘の沖合一・八キロメートルにある周囲が二・二キロメートルほどの無人島です。瀬渡し船の接岸も難しくて訪れる人もほとんどなく、そのことがカラスバトにとっては良かったようです。

　カラスバトの仲間はどれも減少傾向にあるようで、小笠原諸島に生息していたオガサワラカラスバト *Columba versicolor*（後述）や、沖縄諸島に生息していたリュウキュウカラスバト *C. jouyi* は既に絶滅してしまいましたし、カラスバト *C. janthina* も国の天然記念物（一九七一年指定）として、また、環境省のレッドデータブックでは準絶滅危惧種に認定されて保護されています。

　なお、桑島では、その後、翌年の二〇一〇年八月には二倍の一二羽が確認され、その翌年の二〇一一年九月には樹枝上に造られた一卵が入った巣も発見されています。また、更にその翌年の二〇一二年五月には桑島の南方一・五キロメートルにある現在は無人島になっている大島でも一〇羽以上が確認されています。

　カラスバトは、鳥類図鑑などによると、日本産のハト類（ハト科の鳥）では最大で、キジバトやドバトなどよりも一回り大きく、全長は四〇センチメートル、翼開長は六三センチメートルほどもあり、頸や尾羽が長めです。全長が黒くて大きいことから、江戸時代中期には「くろばと（黒鳩）」とか「おほばと（大鳩）」、また独特の鳴き声から「うしばと（牛鳩）」などの呼び名で知られていました。その後、江戸時代も後期になるとカラスバトとも呼ばれるようになり現在に至っていますが、その生息地から「しまばと（島鳩）」とも呼ばれていました。全身が黒いといっても頭頸部や背・胸などには赤紫色や緑色の金属光沢があり、生息地によって羽色に多少の違いがあって、三つの亜種に分けられています。今回、天草で確認されたのは基亜種のカラスバト *Columba janthina janthina* でしょう。小笠原諸島や硫黄列島産は頭頸部に赤みがあって亜種アカガシラカラスバト *C. j. nitens* とされ、沖縄の先島諸島産は基亜種カラスバトよりも全体に羽色が淡くて亜種ヨナグニカラスバト *C. j. stejnegeri* とされています。

亜種アカガシラカラスバト

　常緑広葉樹林に棲んでいて、警戒心が強いので姿をじっくりと見る機会は少ないが、牛のような太く低い声でのウッウー、ウッウーとかモーッ、モーッと間をあけての独特の牛のような鳴き声はよく聞かれるとか。主にシイノキやタブノキ、ヤブツバキ、クロガネモチなどの木の実や花芽などを枝に直立した姿勢で啄み、地上に落ちたものも啄むという。通常は単独のことが多いが、これらの木の実が豊富な場所では群れていることもあるという。巣は、樹枝上や樹洞に枯れた小枝を積み重ねて皿形に造り、純白無斑の卵を一個産むそうで、産卵は二月から九月にかけてみられ、特に五月から六月にかけてが多いという。なお、地上の草むらでの営巣や厳冬季の産卵事例も報告されています。

天草諸島には、桑島や大島のほかにもこれらに似たような未調査の島がまだありますので、今後の調査結果も楽しみです。

熊本市動植物園のハト類（口絵カラー頁参照）

熊本市動植物園のニューギニア館では大型のハト類のカンムリバト亜科一属三種のうちのオウギバトとムネアカカンムリバトの二種が飼育されているほか、キンミノバトやキンバトなどの美しい鳩も飼育されていて、目を楽しませてもらっています。

カンムリバト亜科（Gourinae）の鳥は、ニューギニア島とその周辺の島々に限って分布しています。ニューギニア島の北部とその周辺の島々にはオウギバト（扇鳩）*Goura victoriata* が、南部にはムネアカカンムリバト（胸赤冠鳩）*G. scheepmakeri* が、そして西端部とその周辺の島々にはカンムリバト（冠鳩）*G. cristata* が分布しています。どれも全長は七〇センチメートル以上もあってガチョウくらいの大きさがあります。全身が灰青色で、頭頂部の羽毛は長くてレース状で直立しており、全体では扇を開いた形になっています。なかでも最大のオウギバトの冠羽は一枚一枚の先端部まで扇形になっています。ちなみに尾羽は一六枚で、尾腺はありません。密林の地上で主に生活している〝地鳩《じばと》〟で、落ちた果実を主に食べていて、地上六—九メートルの樹枝上に枯れた小枝で粗雑な浅い皿形の巣を造って一個の卵を産み雌雄交代で抱卵しているとか。飼育下では、二八—二九日で孵化し、約三五日で巣立つことが知られています。

キンミノバト *Caloenas nicobarica* は、全長三八—四三センチメートルで、キジバトより一回り大きくて、背や翼の上面は金属光沢がある暗青緑色で金色に輝き、頸の羽毛は肩にかかるほど長くて蓑をかざしたように見えることから金蓑鳩《キンミノバト》の名が付いています。上嘴の基部には小さい突起があり、頭部から頸、腹面は緑みは無く灰青色で、尾羽は短く純白でハト類（ハト科の鳥）中では最も美しく飾り立てているといえそうです。ニューギニア島とその周辺の島々のほか、フィリピン諸島、カリマンタン島（ボルネオ島）やスマトラ島などのインドネシアの島々に分布しています。前述のカンムリバトの仲間と同様に密林の薄暗い地上で主に生活していて、植物の種子や果実のほか昆虫なども採食し、樹枝上に枯れた小枝で粗雑な浅い皿形の巣を造って白い卵を一個産むとのことで、ただ異なるのは集団で営巣していることです。なんでもニューギニア島の北方にあるパラオ諸島産の亜種 *C. n. pelewensis* は、狩猟によって激減し、絶滅の危機にあるとかで、ワシントン条約附属書Ⅰの適用鳥になっています。

キンバト *Chalcophaps indica* は、全長二五センチメートルで、キジバトより小さく、背と翼の上面は金属光沢がある金緑色で、顔から胸、腹にかけての下面は赤紫色を帯びた褐色で、腹部の色は淡くなっています。嘴と脚は赤くて目立ち、頭上は青灰色で、雄は額と眉斑、それに翼の基部前縁は白くしています。腰と尾羽、翼の風切羽は黒く、腰には灰白色の横帯が二本あります。中国南部からインド・スリランカ、東南アジアの島々からオーストラリア北東部にかけて分布していて、九つの亜種に分けられています。

日本にも亜種リュウキュウキンバト *C. i. yamashinai* が、沖縄県の先島諸島（宮古島・多良間島・石垣島・西表島・鳩間島・竹富島・小浜島・黒島・与那国島）に分布していて、密生した常緑広葉樹林に生息し、主に地上で植物の種子のほかアリやハアリなどを採食しています。樹枝上に枯れた小枝や葉で粗雑な浅い皿形の巣を造り、クリーム色の卵を二個産みます。二週間の抱卵で孵化し、雛は約二週間で巣立ちます。幼鳥は全体が褐色で、キジバトの雛と似ています。亜種リュウキュウキンバトは、一九七二年に国の天然記念物に指定。

V ハト類と人間

家紋
（鳥居に対い鳩）

鶴岡八幡宮の
扁額

家紋
（対い鳩）

鳩笛

鎌倉の銘菓

五円黄銅貨（孔雀鳩・梅花）

鳩五銭錫貨
（昭和 21 年）

鳩拾銭（昭和 22 年）

最後に、人間はハト類をこれまでどのように認識して、どう接してきたかについて顧みることにします。

ハト類についての分類史

ハト科鳥類約三〇〇種のうち、日本ではこれまでに一二種が確認されていますが、その確認の歴史はどうなっているでしょうか。ハト科鳥類は奈良時代から「はと」と呼ばれていて、『古事記』（七一二年）には「波斗・鴿」、『日本書紀』（七二〇年）や『風土記』（七一三年〜）には「鳩」と表記されていますが、分類はされていなかったようです。なお、『万葉集』（七五九年）には鳥名が多く出ていますが、「はと」は見出せないのはちょっと意外な気がします。

平安時代になると、ハト科鳥類は「やまばと」と「いへばと」に分類され、日本最初の漢和辞書『倭名類聚鈔』（九三四年）では、「やまばと」は鳩、「いへばと」は鴿と表記されています。「やまばと（鳩）」とは野生のハトの意で、現在のキジバトやアオバトなどのことで、「いへばと（鴿）」は家禽化されたドバトなどのことです。ただ、時代を経るにつれてハトを表記する漢字には一般に「鳩」が用いられるようになりました。

鎌倉時代になると、「いへばと（鴿）」は何故か八幡神の使いと見做されて大切にされ、八幡信仰の広まりにつれて全国的に分布を拡大していったようです。

室町時代になると、「やまばと（鳩）」の異名として「つちくればと」、「いへばと（鴿）」の異名として「たうばと（塔鳩）」の呼び名も生まれました。「つちくればと」はキジバトの古名で、背面の赤褐色の斑紋がつちくれ（土塊）に似て見えたからでしょう。「たうばと（塔鳩）」は寺院の塔によく巣くっていたからでしょう。

安土・桃山時代になると「たうばと（塔鳩）」は「だうばと（堂鳩）」とも呼ばれるようになりましたが、これも寺院の堂にもよく巣くっていたからでしょう。

江戸時代になると「つちくればと」はキジバトとも呼ばれるようになりました。それは先述したように羽色がキジの雌に似ているからです。また、平安時代から「やまばと（鳩）」と呼ばれてきたもう一種が「あをばと（青鶻）＝アオバトのこと」と呼ばれるようになりました。

また、飼鳥として家禽のジュズカケバト（原種は中央アフリカ原産のバライロシラコバト *Streptopelia roseogrisea*）が輸入されました。手品によく用いられる純白のギンバトはこの白変種です。奈良時代から斑鳩の鳥名が散見され「いかるが＝イカル」とされていますが、本来はこのジュズカケバト（数珠懸鳩）の漢名「はんきゅう」で、イカルは正しくは漢字では桑鳲、国字では鵤と表記します。

江戸時代も中期になると、それまでの中国の本草学（薬物学）に代って、西洋、なかでもオ

キジバト

キジバト

シラコバト

ランダの近代科学の影響を強く受けて種を細分化して漢字で表記するようになり、博物学が発達しました。平安時代から「やまばと（鳩）」と総称されていた鳥が、キンバト（金鳩）、「しゃくはちばと（尺八鳩）＝ズアカアオバトのこと」、「くろばと（黒鳩）＝カラスバトのこと」と細分化して呼ばれるようになりました。そして「いへばと（鴿）」の「だうばと（堂鳩）」はドバト（土鳩）と呼ばれるようになりました。

また、「しろこばと（白子鳩）＝シラコバトのこと」が中国から鷹狩用の獲物として移入されて関東地方に放鳥されました。「越ケ谷のシラコバト」は一九五六年に国の天然記念物に指定され、埼玉県の県鳥にもなっています。全体が白っぽくて後頸に半月状の黒い輪があるなど前述のジュズカケバトと酷似していてよく混同されていますが、シラコバトが大きくてより白っぽいなど違っています。

江戸時代の後期になると、「やまばと（鳩）」の新たな一種としてベニバトも知られ、くろば

日本産ハト科鳥類の呼び名と表記の変遷

時代	キジバト	アオバト	ズアカアオバト	カラスバト	キンバト	ベニバト	シラコバト	ドバト	ジュズカケバト
710年 奈良時代 780年	はと（波斗）（鴿・鳩）								
781年 平安時代 1184年	やまばと（鳩）							いへばと（鴿）	
1185年 鎌倉時代 1333年									
1336年 室町時代 1569年	つちくればと（土塊鳩）							たうばと（塔鳩）	はんきゅう（斑鳩）
1569年 安土・桃山時代 1599年								だうばと（堂鳩）	
江戸時代 1600年 前期 1715年	キジバト（雉鳩）	あをばと（青鶴）							ジュズカケバト（数珠懸鳩）
江戸時代 1716年 中期 1788年			しゃくはちばと（尺八鳩）	くろばと（黒鳩） おほばと うしばと	キンバト（金鳩） にしきばと（錦鳩） あやばと（綾鳩）		しろこばと（白子鳩） はちまんばと（八幡鳩）	ドバト（土鳩）	はちまんばと（八幡鳩）
江戸時代 1789年 後期 1867年			りうきうばと	カラスバト しまばと		ベニバト しゃむろばと			なんきんばと（南京鳩）
標準和名	キジバト	アオバト	ズアカアオバト	カラスバト	キンバト	ベニバト	シラコバト	ドバト	ジュズカケバト

と（黒鳩）はカラスバトとも呼ばれるようになりました。博物学は次の明治時代にも発展していきますが、現在の日本鳥類目録の基礎部分は江戸時代までにほぼ完成しています。

ハト（鳩・鴿）の語源と字源

ハトの語源は、『東雅』では「はやとり（速鳥）の略」とし、『大言海』では「羽音のハタハタの略」で、ハトの朝鮮語名パトゥルキの音が似ていることも指摘しています。どちらの説も飛ぶことに注目しながらもそれぞれ生態の一面を捉えていて甲乙つけ難く思います。

ハトの表記の漢字には鳩と鴿の二種類があり、日本最初の漢和辞書『倭名類聚鈔』には、鳩は「やまばと」、鴿は「いへばと」のことと記してあります。現在ではハトの漢字表記では一般に鳩を用いています。しかし、北京語では鴿も用いています。

ちなみに英語でのハトの表記にはpigeon《ピジョン》が一般的ですが、dove《ダヴ》というのもあります。漢字と英文字との関係は、およそ鳩＝pigeon、鴿＝doveとなりそうです。現在は鳩（pigeon）はハト科鳥類を総称する意味で用い、鴿（dove）はそのうちで家禽化されたものや、身近な存在に感じているもの（種）に用いているようです。しかし、明確に区別されているわけではなく、したがって決まった用法もないようです。ちなみに最新の『日本鳥類目録（改訂第七版）』（日本鳥学会、二〇一二年）の日本産ハト科鳥類一二種のうち鳩（pigeon）と表記されているのはカラスバト・オガサハラカラスバト・リュウキュウカラスバト・アオバト・ズアカアオバトの五種で、鴿（dove）と表記されているのはヒメモリバト・キジバト・シラコバト・ベニバト・キンバト・クロアゴヒメアオバト・ドバトの七種となっています。日本で全国的に見られる野生のハト科鳥類の中でもキジバトやドバトは身近な存在として、アオバトは野生味が強くて人遠い存在と認識されているということでしょう。

鳩の漢字は、「九＋鳥」から成っており、「九」は『漢字の話（上）』（藤堂明保、一九八六年）によると、手を曲げてぐっと引きしめた姿を描いた象形文字で、たとえば指で数をかぞえるとき、一本、二本……と開いていき、次に六本、七本、八本と折っていき最後に近づいて指をぐっとひとつにしぼったのが九という数字だそうで、つまり「ぐっとしぼって集まる鳥、仲間を引き寄せて群れる鳥」という意味が含まれているそうです。他方の鴿の漢字は「合＋鳥」から成っていて、こちらは改めて説明するまでもなく、合わさる鳥、つまり鳩の漢字と同じく集まり合う鳥という意味が含まれていて、鳩、鴿どちらの漢字にも「よく群れる鳥」という意味が含まれています。

ドバトの群飛　12 月

ドバトの集団での採餌　12 月

「鳩」の地名

古来、自然愛好の民族として定評がある日本人は、地名にも生物名を多く用いてきました。なかでも鳥類は多くが昼間に活動して、その姿や鳴き声が良く目立つために地名にも鳥名がやたらと多く用いられてきました。そもそも日本列島誕生の手助けをしたのも鳥（セキレイ）でして、記紀の創世神話では、おのごろ島に降り立たれた伊弉諾尊《いざなぎのみこと》と伊弉冉尊《いざなみのみこと》（誘なう男女神の意）の兄妹神が八尋殿《やひろどの》で、大八島《おおやしま》（日本列島の意）を創出し、三五柱の神々を誕生させるにあたって、さあどうしたものかと思案なげくびでおられたところ、突然セキレイが飛んで来て例の尾羽の上下動を披露して交《とつぎ》の術（性交法）を指南してくれたそうで、それで物事は首尾よくいった、と伝えています。

私の郷土熊本県を鳥類の生息地という観点からみますと、県東北の阿蘇山には広大な草原があり、その南の九州中央山地は緑濃い森林に覆われています。そして、これら山地の西麓には平野が広がっていて大小の河川が西流し、湧水湖もあります。河川が注ぐ有明・八代（不知火）の両内海の沿岸部には広大な干潟が発達しており、その西側には天草の島々があり、更にその西側には天草灘の外海もあります。このように自然環境は変化に富んでいて、それに加えて九州の中央部に位置していることから日本列島沿いに南下北上する渡りのコースと朝鮮半島経由で九州へ南下し北上する渡りのコースとの合流地点にもなっていることから野鳥は種類、個体数ともに多くて鳥類相は豊かです。こうした地理的好条件を反映してか鳥類に因んだ地名が多くあります。地名に見られる鳥では鶴《ツル》が最も多く、次いで鷹《タカ》、鳶《トビ》、烏《カラス》、雀《スズメ》、鵜《ウ》…鳩など二八種類にのぼり、また、単に「鳥」を含む鳥越や鳥居（鳥井）、鳥巣などの地名もけっこうあります。

「はと」の鳥名は奈良時代からあって『古事記』では「鴿」や「波斗」、『日本書紀』や『風土記』では「鳩」と表記されています。

八代市日奈久馬越町の〝鳩山〟は、八代平野の南端から八代海（不知火海）に突出した日奈久層（白亜紀）から成る半島の基部が南北の海岸線に沿って開削されてJR鹿児島本線と国道3号線が通ったために島状に残った高さ四二メートル、周囲五四〇メートルほどの小さい山塊ですが、緑濃い樫林に覆われていて、麓の磯はアオバトの海水飲み場になっています。

宇城市小川町北海東の〝鳩平〟は、八代海（不知火海）に注ぐ砂川の上流域に開けた平地で、この鳩はキジバトのことでしょう。

このほかにも熊本県内には、天草市有明町楠甫の〝丸山鳩〟や、上天草市大矢野町の〝鳩之釜〟、それに人吉市東部を北流して球磨川に注ぐ〝鳩胸川〟などがあります。

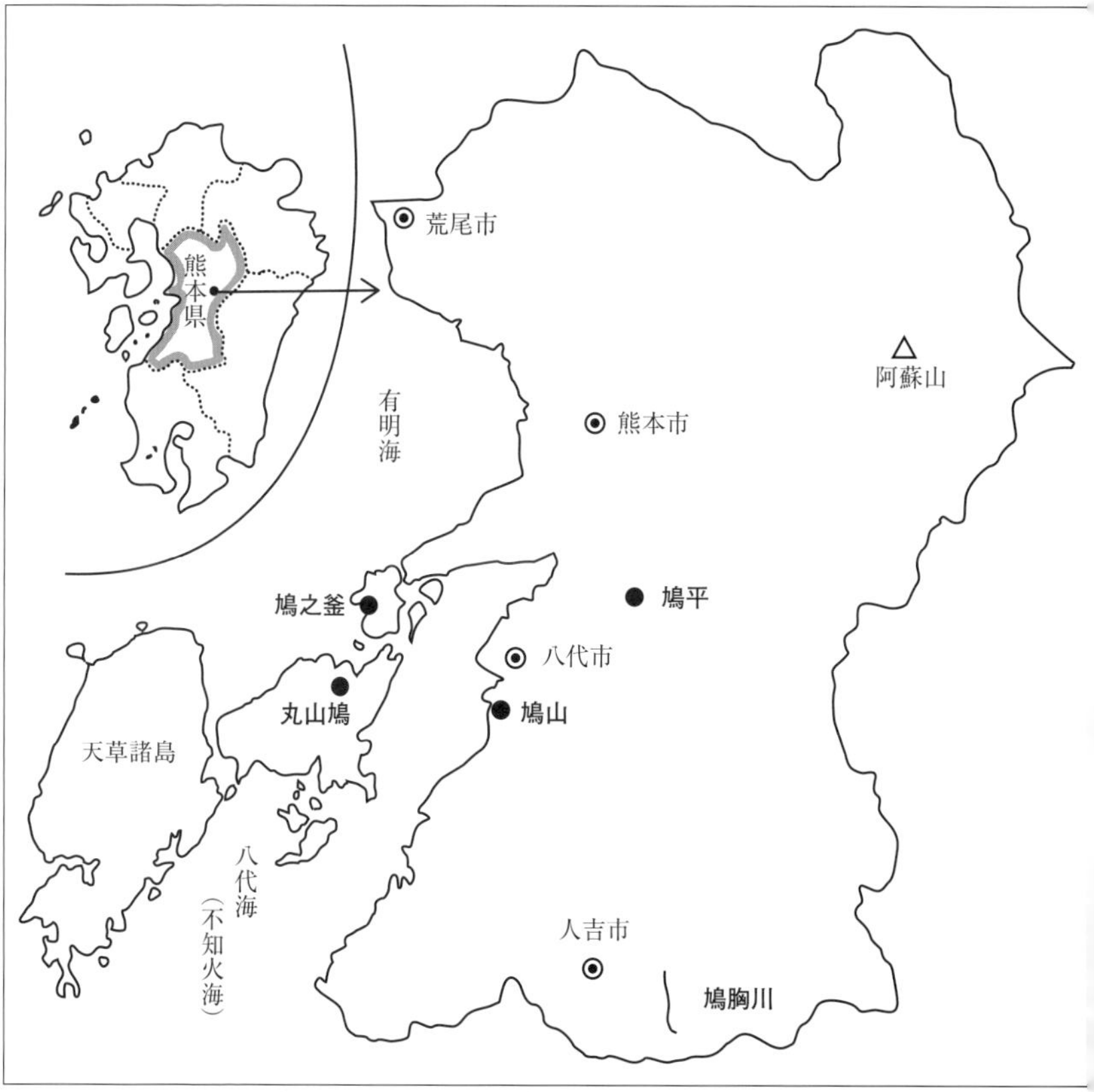

鳩の地名分布図

アオバトの海水飲み場になっている八代市日奈久馬越町の“鳩山”

八幡神の使い

『源平盛衰記』や『太平記』などには鳩を八幡神の使いと見做した記述があります。八幡神はもともとは九州の神で、筑紫国生まれの応神天皇の霊です。古代には王城鎮護の神として律令国家の尊崇を受けていました。また、仏教との関係も深くて、天応元年（七八一）には朝廷から大菩薩の称号を贈られ、「八幡大菩薩」とも呼ばれる最初の神仏習合神となりました。

天皇家に出自する清和源氏の源頼義は、京都の石清水八幡神を氏神として祀りました。また、その長子で優れた武勇人として知られる源義家は崇拝している石清水八幡宮で元服し、自ら「八幡太郎義家」と名乗りました。その後、武士が台頭して政治の実権を掌握するようになると、八幡太郎義家は理想の武人として偶像化されるとともに八幡神は武神としての性格を強めていきました。

ところで、今日では平和の象徴ともされている鳩が、なぜ武神ともされている八幡神の使いと見做されるようになったのかは今一つすっきりしません。『八幡宇佐宮御託宣集《ごたくせん》』には、欽明《きんめい》天皇の御代に豊前《ぶぜん》国宇佐郡（現、福岡県と大分県の一部）の菱形池に鍛冶《かじ》の翁《おきな》が現れて金色の鳩に変身したとあり、『八幡愚童訓《はちまんぐうどうくん》』には宇佐神宮から京都の石清水八幡宮に分霊する際に金色の鳩が飛来して舟の帆柱の上に止まったとあります。また、『今昔物語集』には前九年の役で、源頼義・義家父子が陸奥国（現、青森県と岩手県の一部）の豪族安部頼時とその子貞任《さだとう》・宗《むね》任《とう》らを討伐して勝利した際に瑞祥の鳩が飛来したとあります。

一方、『源平盛衰記』によると、源頼朝は治承四年（一一八〇）八月、源氏の再興をかけての伊豆の石橋山での大庭景親との大事な合戦に敗れ、それでわずかな手勢と朽ちた樹洞に身を潜めていました。が、追手の梶原景時や熊谷直実らに見つかってしまいました。しかし、源頼朝の将来にかけた彼らは、弓の先で樹洞内をかきまわした際に鳩が二羽飛び出たのを口実に樹洞内に人がいるはずはないと言って見逃してたち去ってくれたそうです。その二羽の鳩は周囲の環境からしてアオバトかキジバトのどちらかだったと推察されます。鳩の種類はともかく、九死に一生を得た源頼朝は、鳩は氏神の八幡神が遣わされた使いに相違ないと確信したそうです。それで、源頼朝は、その後、建久三年（一一九二）に征夷大将軍となり、鎌倉幕府をひらくと、源頼義が康平六年（一〇六三）に石清水八幡宮の分霊を勧請した鶴岡八幡宮を幕府の守護神ともしました。本宮の楼門《ろうもん》に懸かる扁額の八幡宮の「八」の字が二羽の鳩が向かい合う形になっているのは、先述の故事によっているとか。

鎌倉幕府の日記『吾妻鏡』には、文治五年（一一八九）六月二十四日、源頼朝が奥州藤原氏討伐に赴いた際には二羽の向かい合う白鳩を縫い取りした八幡大菩薩の旗を揚げていた、とあります。また、熊谷直実の紋所が「向かい合う二羽の鳩に寓生（ホヤ）」なのは、石橋山での合戦の際に見逃してくれた恩賞として源頼朝が下賜したものだとか。

武士が支配する中世の社会で八幡神は武神として尊ばれ、八幡信仰は広まりました。それにつれて全国各地の農村でも鎮守神として祀られるようになり、それにつれて使いの鳩も社寺に巣くって分布を拡大していったようです。社寺で鳩が保護・飼育されているのには八幡信仰が影響していて、室町時代には塔鳩《たうばと》、安土・桃山時代には堂鳩《だうばと》と呼ばれるようになったのは先述のとおりです。

平和の象徴

旧約聖書の「創世記」八章七節（ノアの方舟）では、大洪水の四〇日後に生き残った善良なノアは、陸地探索のためにまず烏を放ちました。しかし、烏はいっこうに役立ちませんでした。たぶん動物たちの溺死体でも啄んでいたのでしょう。それで、その七日後に今度は鳩を放ちました。すると鳩は夕方にオリーブの若葉がついた小枝をくわえて帰還しました。それは近くに陸地がある証拠であると同時に地上に平和が訪れたという明るい希望を与えてくれました。鳩がオリーブの小枝を持ち帰ったのは、鳥類生態学上からは巣材にするためだったと解されますが、その真の理由はともかく、この件をもってそれ以降のキリスト教文化での鳩についての認識の嚆矢《こうし》となっているようです。

『マタイによる福音書』三章十六節には、キリストはヨルダン川での洗礼の時に神霊が鳩に化して自身の上に降り立つように感じて鳩は神霊の権現と認識した、とあります。また、キリストは「鳩のように柔和であれ」と遺訓したとか、マリアの受胎を告知する聖霊が鳩に化して舞い下りて来たなどとの言い伝えもあります。そしてこれらの場面を表現した絵画では鳩は鳥類では唯一光背をもって描かれています。キリスト教文化では、鳩は平和や愛、無垢の象徴とされています。

時代が下《くだ》り話題も変わりますが、第二次世界大戦後の一九四九年にパリで開催された世界平和会議でのパブロ・ピカソの〝オリーブの小枝をくわえて飛ぶ鳩〟をデザインした石版画のポスターは、「ノアの方舟」伝説を想起させて好評を博し、その後、世界中で各方面に影響を与えたようです。オリーブの小枝をくわえた鳩は、ハンガリーやバチカンの硬貨のほか、ブルガリアや旧ソ連の郵便切手などにもデザインされています。

日本でも、サンフランシスコ講和条約、日米安全保障条約の締結を記念しての日本タバコの一九五二年発売の「ピース」（一〇本入り、四〇円）の箱に「オリーブの小枝をくわえて飛ぶ白鳩がデザインされており、日本宝くじ協会のシンボルマークにはオリーブの小枝に代えて、幸運をもたらすとされている「四つ葉のクローバーをくわえて飛ぶ鳩」がデザインされていま

オリーブの小枝をくわえて飛ぶ鳩（パブロ・ピカソの石版画）

排水機場竣工記念塔　熊本市西区大塘

バチカンの硬貨

ヒメモリバト
ハンガリーの10
フィラーアルミ
貨

日本宝くじ協会のシンボルマーク

日本タバコの「ピース」(レイモンド・ローウィのデザイン)

(旧ソ連)

(ブルガリア)

ハトとオリーブの枝
(世界大戦平和記念)

平和の鐘（マーシャル諸島）

長崎国際文化都市
建設記念

孔雀鳩（世界大戦平和記念）

す。

また、何もくわえてはいませんが飛ぶ鳩が平和の象徴として、五銭錫貨（一九四六年発行）や拾銭紙幣（一九四七年発行）にデザインされています。更に翌、一九四八年には「孔雀鳩（ドバトの一品種）と梅花」をデザインした穴無し五円黄銅貨も発行されています。

〈鳩と烏〉

キリスト教文化では、「ノアの方舟」伝説により、鳩と烏は何かと対比させて引き合わせられているようです。鳩の羽色はいろいろ変化があって豊富ですが、キリスト関連で登場するのはなぜか決まって白い鳩で、純粋、無垢や平和の象徴とされているのに対して、烏は黒くて暗黒や邪悪の象徴にされています。

シェークスピアの初期の戯曲『ロミオとジュリエット』（一五九四年頃）では、ロミオは、ジュリエットを初めて見た時に、その美しさを白鳩にたとえています。他方、ジュリエットは、いとこを決闘で殺したロミオを「鳩の羽をつけた烏」と罵倒しています。また、『十二夜』五幕一場では、オーシーノウ公爵が「鳩の中に宿る烏に目を向け……」と、烏はヒツジの皮を被ったオオカミ同様の意味で使ったりもしています。

人間が絶滅させたハト類

（1）ドードー *Raphus cucullatus*

ルイス・キャロル著『不思議の国のアリス』にも登場するドードーは、かつてマダガスカル島東方のインド洋に点在するマスカレン諸島のモーリシャス島に生息していました。ハト目ドードー科の鳥で、全長は一〇〇―一二〇センチメートル《センチメートル》で、体高は七五センチメートル《センチメートル》ほどでガチョウほどの大きさがあり、デブデブに太っていて体重は一七―二五キログラム《キログラム》もあったとか。体は全体が黒ずんだ灰色で、胸と尾羽、それに翼は白く、翼は退化して痕跡程度しかなくて垂れ下がり、尾羽は短くて柔らかい毛の房のようで巻き上がっていて飛ぶことはできませんでした。嘴は太く長めで先端は鉤形に曲がって膨らみ、基部の蠟膜《ろうまく》の部分には斜めに開く鼻孔がありました。足は頑丈で、同島にはもともと肉食の天敵はいませんでしたので飛んで逃げる必要はなくて地上をヨチヨチ歩いて、同島内に広く分布していた固有種のカルヴァリア *Calvaria major* の堅い果実を主に拾って食べていたようで、巣は地上にヤシの葉を集めて造り、卵は一個で、雌雄交代で抱卵していたそうです。雛の成長は遅く、寿命は三〇年くらいだったと推定されています。

モーリシャス島は、新たな産物や植民地を求めた大航海時代の一五〇七年にポルトガル人によって発見されました。その当時、同島にはこの鳥は沢山いて、飛べなくてのろまでしたので

ドードー

棍棒で叩いて簡単に獲れたそうです。ドードーの鳥名は、ポルトガル語の「うすのろ」や「まぬけ」を意味するdodoによっています。肉量があり、しかも胸や腹の肉はとても美味しかったことから大量に捕殺されました。

　モーリシャス島は、その後一五九八年にオランダ領になりましたが、食用としての捕殺は続けられ塩漬けにして島外にも積み出されました。それに加えて移住の際に持ち込まれた犬や猫、豚、それに船で密航したネズミなどがドードーの卵や雛を食害して新たな天敵となりました。それで外敵に対する抵抗力が無かったこの鳥は、発見されて一七四年後の一六八一年に絶滅してしまいました。

　オックスフォードの博物館に保管されていた唯一の剥製標本もボロボロになって、一七七五年に頭部と右脚だけを残して廃棄されてしまい、骨格標本がケンブリッジ大学と大英博物館、それにパリの博物館にそれぞれ一体ずつの計三体が残っているだけで、あと残っているのは写生図だけだとされています。

しかし、ここで特記しておかなければならないのは、日本の山階鳥類研究所にもドードーの骨と画が保管されているということです。どちらもドードー研究の第一人者としても知られている蜂須賀正氏博士が寄贈（一九三四年）したもので、骨（三組、一二片）はモーリシャス島の沼地で発掘されたものを一八六五年にロンドン、スティブンスの競売場でのオークションで落札して入手したもので、画は博士の私家本『ドードーについて』の挿絵としてオランダの鳥類画家キューレマンス・ジョン・ジェラードに依頼して描いてもらったものです。

そして、更に注目すべきことは、日本に生きたドードーが持ち込まれていたということです。博物学が盛んだった江戸時代前期の一六四七年に、オランダ領インドネシアのバタヴィアにあった東インド会社の総督が日本のオランダ商館宛に「ドードーを送る」という内容の書簡を送っています。それは会社公式の書簡で、その「控え」がオランダのハーグ国立文書館にきちんと保管されているのです。また、そのことを裏付ける記述が同館に保管されている長崎・出島のオランダ商館長フルステーヘンの日記からも見出されています。一六四七年九月一日に後任のオランダ商館長コイエットがドードー一羽や白い鹿などを携えて赴任し、翌九月二日には知事の求めに応じてドードーや白い鹿などを一時役所に連れて行き、同日の夕刻近くには博多の領主が両知事と大勢の配下を連れて見物に出島を訪れ、だいぶ満足して帰った、といったことが記されているのです。当時は、こういった外国の珍しい鳥獣が日本に持ち込まれた場合には江戸に連れて行って将軍に献上するのが通例になっていましたが、ドードーや白い鹿などではそのようなことはなかったようで、その後どうなったかは全く不明です。その遺物が、今後、日本のどこからか見つかるかもしれないのです。

〈幻の白いドードー〉

モーリシャス島の西隣にあるレユニオン島には、ドードーとは別の全体が黄白色のレユニオンドードー *Raphus borbonica* が生息していて、この鳥も一七三五年から一七四六年の間に絶滅した、と多くの研究者たちに信じられていました。しかし、古い言い伝えや、それに基づいて後世に描かれた絵画があるだけで、骨などの生体由来の遺物は発見されておらず、その存在を疑問視する向きもありました。一九八七年に洞窟から初期の入植者が食べたと思われる大きな鳥の骨が見つかり、これがその鳥のものではと期待されましたが、よく調べたところ、それはクロトキに近縁の既に絶滅したトキの新種 *Threskiornis solitarius*（レユニオントキ?）であることが判明しました。

英国自然史博物館のジュリアン・ヒュームらは、これまでの研究結果を再検討し、総合的に判断して、二〇〇四年に、レユニオン島の白いドードーと見られていたのはトキの仲間の見誤りだったらしいと結論づけて発表しました。この〝レユニオントキ説〟には表立った反論も無く、これが現在の定説のようになっています。

レユニオンドードー（ADキャメロン画）

(2)リョコウバト *Ectopistes migratorius*

ほぼキジバトくらいの大きさですが尾羽が長いので全長は約四〇センチメートルほどになります。翼も長く体は細めですので、前述のドードーとは対照的にスマートで、色彩も豊かです。頭から背、長い尾羽中央にかけての上面は青灰色で、喉の下部から胸にかけては褐色、腹は白っぽくて尾羽の両側や下尾筒も白い。眼の周囲は紫色の皮膚が裸出しており、虹彩は赤い。

北アメリカ大陸東部の、北はカナダ中部から南はアメリカのフロリダ半島あたりにかけての森林にかつて膨大な数が生息していて、その個体数は北アメリカ産鳥類の中では最も多くて、一九世紀初め頃には三〇―五〇億羽もいました。主に多くあったカシ類の堅果（ドングリ）を食べ、樹上に集団で営巣し、卵は白くて一個だけでしたが、一本の木に五〇以上もの巣があったこともあるそうです。

ところでカシ類の堅果の実りは、広い北アメリカでは地域によって異なり、豊作や不作がありますので、毎年、豊作の地域を求めて大群での不規則な移動をしていました。その群れの規模はけた外れで通過するのに数日かかり、その間は空が大群で覆われて地上は薄暗かったとか。鳥類学者のオーデュボンは、一八一三年にケンタッキー州で、リョコウバトの大群が三日間連続して飛び過ぎるのを観察しており、このうちのわずか三時間に通過したものだけでも一一億五〇〇〇万羽以上はいたと試算しています。また、一八七八年にミシガン州のペテスキーで観察された大群などは幅が五―六キロメートル、長さは四五キロメートルほどあったそうで、鳥類学者のアレキサンダー・ウィルソンは、二二億三〇〇〇万羽はいたと試算しています。このような移動時の大群の観察事例は枚挙に暇がなく、今日では想像すらできないほどの壮観さだったようです。リョコウバト（旅行鳩）の和名は、この大群での大規模な移動によっています。ちなみに英名はPassenger pigeonで、学名の種小名 *migratorius* も同じ意味で「ワタリバト（渡り鳩）」の異名もあります。

先住民のアメリカンインディアンは、かつてリョコウバトを網や罠などで捕獲して食用にしていて、大群の移動時期には周辺の住民はほとんど鳩の肉だけを食べていたとか。しかし、そのことでリョコウバトの生存が脅かされるようなことはなく、大群での大規模な移動は一八六〇年頃までは見られていました。

しかし、ヨーロッパ人が北アメリカ大陸に移住してプロの猟師が商業的に大量捕殺するようになると状況は一変しました。ペテスキーでは、一八七八年の夏だけで百万羽も捕殺され、塩漬けにして樽詰めし、ニューヨ

リョコウバト

ークやシカゴなどの大都市に運ばれて一羽一セントか二セントで売られ、一度に鉄道の貨車三十数両分も出荷されることもあったとか。また、後では、雛や卵までもが豚の餌として乱獲されました。

その結果、膨大な数いたさしものリョコウバトも減少し、一九世紀末にはとうとう珍鳥になってしまいました。それで営巣の発見に一五〇〇ドルの懸賞金が一九〇〇年から一九〇七年間にかけられましたがとうとう発見されませんでした。野生のものは一八九九年九月十五日にウィスコンシン州バブコックで捕獲されたのが最後で、オハイオ州シンシナティの動物園で飼育されていた最後の一羽、マーサと名付けられていた二九歳の雌も一九一四年九月一日に死んで、かつて北アメリカ大陸の鳥類では最も多くいたリョコウバトがついに絶滅してしまいました。最後の一羽だったマーサの剝製はワシントンの国立博物館に保管されています。

リョコウバト絶滅の最大の原因は、人による大量捕殺であることは疑う余地はありません。しかし、ネズミやゴキブリなどはどんなに捕殺しても生息に適した環境があるかぎり絶滅しないことを考えると、リョコウバト絶滅の場合は、主食にしていた堅果（ドングリ）を実らせるカシ類が、開拓時代の急速な大規模開拓での大量伐採によって食糧不足を来たしたことも大きな原因ではないかとも考えられています。

(3)オガサワラカラスバト *Columba versicolor*

日本産ハト類中最大で、全長は約四五センチメートル《センチメートル》ほどもありました。全身がカラスバトより淡い灰黒色で、特に頸は白っぽく、全体に緑色や金紫色の金属光沢がありました。

小笠原諸島に分布し、一八二七年（文政一〇年）六月にブロスサム号の船長ビーチーが一羽採集して大英博物館に送ったところ、ビゴルスが一八三九年に *Columba metallica* と命名しました。しかし、この標本はその後所在不明になっています。翌一八二八年五月にキトリッツは同種とみられる二羽を採集して冒頭表記の学名 *Columba versicolor* に改名しました。この二羽のうちの一羽の標本はソ連のレニングラード博物館に、もう一羽の標本は西ドイツのセンケンベルグ自然史博物館に保管されています。

その後、一八八九年四月十五日にホルストが聟島列島の媒島で雄一羽を採集していて、その標本は大英博物館に保管されています。しかし、その後の生存の確認はなくて絶滅したとされています。標本の採集地が明確なのは最後の四羽目だけです。それ以前の三羽は、採集時に船が安全に停泊できたのは父島の二見港のほかにはありませんでしたので、父島産とみられます。

絶滅の原因は大型で鈍重だったらしいことから前述のドードーや、リョコウバト同様に食用に捕殺されたことと、生息地の原生林が開拓によって破壊されたためとみられます。

オガサワラカラスバト（小林重三・画）

なお、小笠原諸島には鳥類では、かつて四種の固有種が生息していましたが、現在まで生き残っているのはメグロ（メジロ科）の一種だけで、オガサワラマシコ（アトリ科）やオガサワラガビチョウ（ヒタキ科）は一八二八年頃に、ハシブトゴイ（サギ科）は一八八九年頃にそれぞれ絶滅したとされています。

ドードーが生息していたマスカレン諸島にしろ、オガサワラカラスバトが生息していた小笠原諸島にしろ島の生態系は、大陸と比べると生物多様性に乏しく単純で、人為の影響を受け易く脆いので、大量捕殺などは論外で、開発に際しては細心の注意が必要です。

鳩を描いた傑作

花卉《かき》鳥獣を題材にした花鳥画は、中国で五世紀頃に始まり、宋時代（九六〇―一二七九年）に目覚ましい発展を遂げました。日本には室町時代に伝わり、その後、雪舟や狩野元信らによって日本独特の画風も確立されましたが、その初期段階で影響を強く与えたものの一つに北宋時代の「桃鳩図《ももはとず》」（絹本着色の掛幅図、二八・六×二六・〇センチメートル）があります。小幅ながら、開花した桃の枝に止まって憩う一羽のアオバト（雄）を写実的に精緻を極めたもので、宋代写実主義を代表する傑作の一つとされています。画面右上の「大観丁亥御筆《たいかんていがいぎょひつ》」の落款から一一〇七年に描かれたもので、御書印が捺されていることから徽宗《きそう》皇帝の筆によるもので、二六歳時の早期の作品であることが分かります。

鳩の画の傑作としては、ほかにもこれ以前の五代時代に描かれた「枯木錦鳩図」（唐希雅筆）もあります。落葉した木の枝に止まって憩う一羽のキンバトを写実的にかなり精緻に描いた傑作で、構図もよく似ています。というより時代的にみると「桃鳩図」は、この画に触発され、参考にして描かれたとも十分考えられます。その制作の経緯はともかく、「桃鳩図」の方が重厚、荘厳で見栄えがします。

「桃鳩図」の画面左下には「天山」と小型の長方印が捺されています。このことからこの画

「枯木錦鳩図」唐希雅筆　907～960 年

国宝「桃鳩図」徽宗筆　1107 年

は室町幕府第三代将軍足利義満の所蔵品であることが知れます。どのようにして入手したかはよく分かっていませんが、足利義満といえば南北朝内乱を終息させて幕府の全盛期をきずき、明朝《みんちょう》との勘合貿易を始めたことでも知られています。それで貿易によって何かの機会に何らかの手段や方法で入手したのでしょう。義満は、ほかにも中国絵画は所蔵していますが、「天山」の収蔵印を捺しているのはこの「桃鳩図」だけで、よほど気に入り、大事にしていたらしいことがうかがえます。

　第八代将軍の足利義政もかなりの文化人で、芸術を愛好し、保護、開花させて東山時代をきずいたことでも知られており、足利将軍家伝来の中国絵画（東山御物《ぎょもつ》）を分類、整理した「御物御画《ぎょもつおんえ》目録」も作成しています。その中で、徽宗の「桃鳩図」は最重要品とされています。その後は、日本の国宝にされ、現在は個人の所蔵となっています。

おわりに

キジバトを主に、ついでにアオバトやドバトなども比較の意味もあって脇役として書き始めましたが、いつの間にか主役と脇役についての頁数が逆転してしまった感がしています。ちょっと言い訳がましくなりますが、人が人以外の生物に目を向けたとき、その生物の神秘さの解明のほかに、最後はどうしてもその生物と人生との関係が気になります。人生との関係ということでは、野生のキジバトと家禽化されて半野生化したドバトとは比べようもなく、当然のことのようにドバトの方に目が向いてしまいます。また、他方では、単に鳩という言葉を聞いた場合には、ほとんどの人はまず社寺の境内や公園などに群れていて人からポップコーンやパン屑などをもらっている人懐《なつ》こいドバトを思い浮かべるでしょう。まさか最初にキジバトを思い浮かべるのは私のほかにはそういないでしょう。人との共存ということではキジバトよりもむしろまずドバトに思いをめぐらすべきだったでしょう。

ドバトは、本文中で述べましたように、日本へは最初は愛玩用として移入されたようですが、その後おそらく籠抜けしたりして野良鳩化し、社寺などに棲みついたようです。そのうちに何故か八幡神の使いとして崇められ大切にされるようになり、八幡信仰の広まりにつれてドバトも全国的に分布を拡大していったようです。ところがその後キリスト教が伝来すると、今度は平和の使者、象徴と見做されて大切にされ平和公園などにも多数群れるようになりました。そして戦後には、復興で林立するコンクリートビルを格好の営巣場所にし、輸入量が増加した穀物のおこぼれを格好の食糧として増殖し大繁栄期を迎えました。しかし、その果てには皮肉にも〝ドバト公害〟とまで言われるようになって有害鳥の刻印を押され、昭和三十七年(一九六二)から駆除されることになりました。当のドバトにしてみれば、異国の地に勝手に連れてこられ、愛玩用として可愛がられ、八幡神の使いや平和の使者として崇められ大切にされたかと思いきや、一変して有害鳥と見做されて駆除されるなど、人間の一貫性の無い勝手気ままさに目まぐるしく翻弄されて、きっとさぞや困惑していることでしょう。

ハトの仲間には、ドードーやリョコウバト、それに日本のオガサワラカラスバトなどのように人間の勝手気ままな行為によって絶滅させられてしまったものもいます。本書を書いていくなかで改めて考えさせられたことは、私たち人間の、ハト科鳥類のみならず自然界に生きる物たちに対する認識についての再検討の必要性と、それをもとにした野生生物との今後の共存のあり方についての確固たる新たな自然観確立の必要性です。本書がそのような思いを喚起するきっかけになってくれれば望外の喜びです。

なんでも、ある鳥類の人気度調査ではハト類は最下位だったとか。弦書房の小野静男氏の理解と尽力が無かったなら本書がこのように世に出ることはなかったでしょう。最後に、同氏と、観察や関係資料の収集などに協力してくれた妻直子に感謝の意を表したいと思います。

二〇一八年六月二日

大田眞也

主要参考文献

『日本の昔話』柳田国男　角川書店（角川文庫）一九五三年
『原色日本鳥類図鑑』小林佳助著　保育社　一九五六年
『種の起原（上）』ダーウィン著／八杉竜一訳　岩波書店（岩波文庫）一九六三年
『野鳥の事典』清棲幸保著　東京堂出版　一九六六年
『世界の鳥類百科』J・ハンザック著／日本語版監修　宇田川竜男　岩崎書店　一九六八年
『鳥獣行政のあゆみ』林野庁編　財団法人林野弘済会　一九六九年
『私の自然史鳥』内田清之助　三省堂　一九七一年
『朝日＝ラルース週刊世界動物百科99・100』朝日新聞社　一九七三年
『動物の大世界百科』日本メールオーダー社　一九七三年
『花鳥書法』黄昌恵著　芸術図書公司（台湾）一九七四年
『朝日＝ラルース週刊ペット百科41』朝日新聞社　一九七五年
『鳥類（ライフ／大自然シリーズ）』ロジャー・ピーターソン解説／山階芳麿訳　タイムライフブックス　一九七五年
『この鳥を守ろう』山階鳥類研究所編集　霞会館　一九七五年
『Common Birds of the Malay Peninsula』M. W. F. TWEEDIE（MALAYSIAN NATURE HANDBOOKS）LONGMAN 1975年
『続野鳥の生活』羽田健三監修　築地書館　一九七六年
『鳥についての300の質問（君が知りたいすべてに答える）』A&H・クリュックシァン著／青柳昌宏訳　講談社（ブルー・バックス）一九八二年
『野鳥と文学』奥田夏子・山崎喜美子・川崎晶子共著　大修館書店　一九八二年
『鳥獣害の防ぎ方』農山漁村文化協会　一九八三年
『熊本の野鳥記』大田眞也　熊本日日新聞社　一九八三年
『決定版生物大図鑑　鳥類』黒田長久編・監修　世界文化社　一九八四年
『シーボルト日本鳥類図譜』山階芳麿監修解説　文有　一九八四年
『続々野鳥の生活』羽田健三監修　築地書館　一九八五年

『AUSTRALIAN BIRDS』Ken Stepnell & Jane Dalby CHILD & ASSOCIATES, 1986年
『動物大百科8鳥類Ⅱ』C・M・ペリンズ&A・L・A・ミドルトン編／黒田長久監修　平凡社　一九八六年
『漢字の話（上）』藤堂明保　朝日新聞社（朝日選書309）一九八六年
『（図説）古代エジプトの動物』黒川哲朗　六興出版　一九八七年
『熊本の野鳥百科』大田眞也　マインド　一九八八年
『コンサイス鳥名事典』吉井正監修　三省堂　一九八八年
『フィールドガイド日本の野鳥（拡大版）』高野伸二　日本野鳥の会　一九八九年
『鳥のことわざうそほんと』国松俊英　山と渓谷社　一九九〇年
『日本史のなかの動物事典』（佐々木清光）東京堂出版　一九九二年
『鳥の学名』内田清一郎　ニュー・サイエンス社（グリーンブックス96）一九九三年
『図説日本鳥名由来辞典』菅原浩・柿澤亮三　柏書房　一九九三年
『熊本の野鳥探訪』大田眞也　海鳥社　一九九四年
『動物誌』アリストテレース／島崎三郎訳　岩波書店（岩波文庫）一九九八年
『動物信仰事典』芦田正次郎　北辰堂　一九九九年
『国宝・重要文化財大全』（2絵画下巻）文化庁監修　毎日新聞社　一九九九年
『世界芸術大全集』（東洋編6）小学館　二〇〇〇年
『伝書鳩』黒岩比佐子　文藝春秋（文春新書）二〇〇〇年
『語源辞典（動物編）』吉田金彦編著　東京堂出版　二〇〇一年
『聖書動物大事典』ウイリアム・スミス編纂／小森厚・藤本時男編訳　国書刊行会　二〇〇二年
『Birds of Africa』Ian Sinclair・Peter Ryan PRINCETON FIELD GUIDES, 2003年
『鳥の雑学事典』山階鳥類研究所著　日本実業出版社　二〇〇四年
『鳥の起源と進化』アラン・フェドゥーシア著／黒沢令子訳　平凡社　二〇〇四年
『鳥類学辞典』山岸哲・森岡弘之・樋口広芳監修　昭和堂　二〇〇四年
『鳥学大全』秋篠宮文仁＋西野嘉章（編）東京大学出版会　二〇〇八年

『鳥脳力』渡辺茂著　化学同人　二〇一〇年
『日本鳥類目録（改訂第七版）』日本鳥学会　二〇一二年
『世界一の珍しい鳥』蜂須賀正氏著・杉山淳編、原書房　二〇一七年

〈著者略歴〉

大田眞也（おおた・しんや）

一九四一年、熊本市生まれ。
長年にわたり、さまざまな野鳥の生態観察と文化誌研究を続けている。日本鳥類保護連盟会員、日本自然保護協会会員、日本鳥学会会員、日本野鳥の会会員。
著書に『熊本の野鳥記』（熊本日日新聞社）、『熊本の野鳥百科』（マインド社）、『熊本の野鳥探訪』（海鳥社）、『ツバメくらし百科』、『カラスはホントに悪者か』『阿蘇 森羅万象』『スズメはなぜ人里が好きなのか』『田んぼは野鳥の楽園だ』『里山の野鳥百科』『猛禽探訪記―ワシ・タカ・ハヤブサ・フクロウ』（以上、弦書房）ほか。

ハトと日本人

二〇一八年 六 月三〇日発行

著　者　大田眞也《おおたしんや》
発行者　小野静男
発行所　弦　書　房
〒810-0041
福岡市中央区大名二―二―四三
ＥＬＫ大名ビル三〇一
電　話　〇九二・七二六・九八八五
ＦＡＸ　〇九二・七二六・九八八六

印刷・製本　シナノ書籍印刷株式会社

落丁・乱丁の本はお取り替えします。

ISBN978-4-86329-171-3　C0045